Die strenge Berechnung von Kreisplatten unter Einzellasten

mit Hilfe von krummlinigen Koordinaten und
deren Anwendung auf die Pilzdecke

von

Dr.-Ing. **Wilhelm Flügge**

Mit 25 Textabbildungen

Berlin
Verlag von Julius Springer
1928

ISBN-13: 978-3-642-98676-5   e-ISBN-13: 978-3-642-99491-3
DOI: 10.1007/978-3-642-99491-3

Vorwort.

Die Verwendung der Platte als Konstruktionsteil im Bauwesen
hat eine Anzahl von Problemen der strengen Theorie aufgerollt,
die abseits der üblichen und im Interesse der Wirtschaft schon
seit langem mit Nutzen verwandten Aufgaben liegen. Die Schwierig-
keiten, die sich hier der Lösung entgegenstellen, beruhen in der
mathematischen Behandlung der Differentialgleichung der Biegefläche. Die Lösung ist meist nur durch Reihenentwicklungen möglich, mit denen manche dieser Probleme, wenn auch in Gestalt von
Näherungslösungen, geklärt worden sind. Jeder Ingenieur, der einmal gezwungen gewesen ist, mit solchen Reihenansätzen zu ar-
beiten, bleibt unbefriedigt und wird einen Weg suchen, der in
solchen Fällen zu einem besser verwertbaren Ergebnis führt.

Einer Anregung meines hochverehrten Lehrers, Professor Dr.
Beyer, folgend, habe ich in einem Teilgebiet diesen Weg zu
bahnen versucht und mich dabei eines Hilfsmittels bedient, das
den Mathematikern seit langem bekannt ist und in seinen Grund-
lagen von Lamé herrührt.

Dresden, im Februar 1928.

Wilh. Flügge.

Inhaltsverzeichnis.

Zusammenstellung der in der Arbeit häufig vorkommenden Formelgrößen.

Lasten.

p	Flächenlast
P	Linienlast
P	Einzelkraft (Punktlast)
M	Moment je Längeneinheit (Linienmoment)
M	Punktmoment.

Stützkräfte.

A_λ	Stützkraft für einen Plattenrand in Richtung $\lambda = \text{const}$
A_ω	Stützkraft für einen Plattenrand in Richtung $\omega = \text{const}$
A	Einzelstützkraft (Punktstützung).

Schnittkräfte.

M_x	Biegungsmoment je Längeneinheit in einem Schnitt $x = \text{const}$
M	Momentensumme
M_{xy}	Drillungsmoment, bezogen auf das rechtwinklige Achsenkreuz x, y
Q_x	Querkraft in einem Schnitt $x = \text{const}$.

Grundrißgrößen.

a	Halbmesser der Platte
b	Abstand des Netzpols vom Plattenmittelpunkt (lineare Exzentrizität)
$\beta = b/a$	relative Exzentrität
c	halber Abstand der beiden Netzpole.

Verschiebungen.

ζ	Durchbiegung.

Elastische Größen.

E	Elastizitätsmodul
ν	reziproke Poisson-Zahl
h	ganze Plattenstärke
$K = \dfrac{E\,h^3}{12\,(1-\nu^2)}$	Plattensteifigkeit.

Funktionszeichen.

cos, sin, tan	Kreisfunktionen
$\mathfrak{Cof}$, $\mathfrak{Sin}$, $\mathfrak{Tan}$	Hyperbelfunktionen
log	natürlicher Logarithmus.

I. Problemstellung.

Die strenge Lösung der Aufgabe der Plattenbiegung besteht in der Angabe einer Funktion ζ der Grundrißkoordinaten (Durchbiegung), die einerseits der Differentialgleichung des Problems

$$\nabla^2 \nabla^2 \zeta = \frac{p}{K} \tag{1}$$

genügt und anderseits die Randbedingungen befriedigt, die sich aus der mechanischen Bedeutung des mathematischen Problems ergeben. Als Belastung kommen technisch nur gleichförmig verteilte Last $p = $ const, linear mit einer Grundrißkoordinate veränderliche Last[1] als hydrostatischer Druck und $p = 0$ in Betracht. Linien- und Punktbelastung kommen in der Differentialgleichung nicht zum Ausdruck. Linienbelastung bedeutet eine Unstetigkeit in den Ableitungen der Funktion ζ; Punktbelastung setzt eine singuläre Stelle voraus. Über die Art dieser Singularitäten und die Mittel ihrer rechnerischen Auswertung ist unter III e, f das Nötige gesagt.

Lösungen, die all diesen Bedingungen gerecht werden, sind in großer Zahl bekannt. Die Schwierigkeit der Aufgabe liegt in der Erfüllung der Randbedingungen. Die drei wesentlichsten sind freie Auflagerung, Einspannung, kräftefreier Rand. Wesentlich für die Behandlung der Aufgabe ist die Art der Kurven, längs deren derartige Bedingungen zu erfüllen sind. Man wird verhältnismäßig einfache Lösungen zu erwarten haben, wenn längs der Randkurve der Platte eine Koordinate konstant ist, d. h. wenn der Plattenrand mit einer Koordinatenlinie zusammenfällt. Die bekannten Lösungen der Plattenbiegung sollen daraufhin kurz untersucht werden.

Bei der rechteckigen Platte in allen ihren zahlreichen Spielarten (frei gelagert, eingespannt, durchgehend, Pilzdecke) fallen

---

[1] Unter Grundrißkoordinaten sollen hier die beiden in der Plattenebene liegenden Koordinaten verstanden werden, gleichgültig, ob die Platte im Raume wagerecht liegt oder nicht.

die Ränder, Stützenfluchten, Symmetrieachsen usw. mit Koordinatenlinien eines kartesischen Netzes zusammen. Dabei kommen jedoch Linien $x = \text{const}$ und Linien $y = \text{const}$ vor. Aus der Notwendigkeit, Randbedingungen stets auf zwei ganz verschiedenartigen Kurvengruppen zu erfüllen, erklärt sich der typische Bau der hierfür in Frage kommenden Lösungen, die stets aus Produkten einer Funktion von x mit einer Funktion von y bestehen.

Die nach Stützung und Belastung zentralsymmetrische Kreisplatte stellt die einfachste Aufgabe der Plattenbiegung dar. Rechnet man hier in Polarkoordinaten, deren Pol im Plattenmittelpunkt liegt, so ist die Randkurve eine Linie $r = \text{const}$. Als weitere Vereinfachung kommt noch hinzu, daß die partielle Gleichung (1) in eine totale übergeht, die ohne weiteres integrierbar ist.

Eine einfache strenge Lösung kennt man auch für die eingespannte elliptische Platte. Diese Lösung beruht auf einer geschickten Auswahl der unabhängigen Veränderlichen α[1]. Dabei ist der Gesichtspunkt maßgebend, daß die Umfangsellipse eine Koordinatenlinie $\alpha = \text{const}$ sein soll. Die zweite Grundrißkoordinate tritt in diesem Falle überhaupt nicht in Erscheinung, da die Differentialgleichung (1) auch hier total ist.

Es liegt nahe, die oben geschilderte Verwendung von Polarkoordinaten auch auf die Kreisplatten mit exzentrischer Belastung anzuwenden. Die Erfolge, die man damit erzielt, findet man ebenfalls bei A. u. L. Föppl[2]: Die Lösung erscheint in Gestalt zweier unendlicher Reihen. Das liegt daran, daß das Polarkoordinatensystem einen ausgezeichneten Punkt besitzt, seinen Pol, der jetzt nicht mehr mit dem ausgezeichneten Punkt der Belastung zusammenfällt. Das führt dazu, ein Koordinatensystem zu suchen, das einem Polarkoordinatensystem ähnlich sieht, dessen Pol jedoch an der gewünschten Stelle liegt, also exzentrisch zum Randkreis. Ein solches System ist zuerst von E. Melan[3] angegeben und zur Berechnung einer eingespannten Kreisplatte unter exzentrischer Einzellast verwendet worden. In der vor-

---

[1] Föppl, A. u. L.: Drang und Zwang Bd. I, S. 170ff. 1. Aufl. München und Berlin 1920.

[2] Föppl, A. u. L.: loc. cit. S. 204ff.

[3] Melan, E.: Die Berechnung einer exzentrisch durch eine Einzellast belasteten Kreisplatte. Eisenbau 1920, S. 190.

liegenden Arbeit ist der Versuch gemacht worden, dies System in größerem Umfange für die Plattenberechnung nutzbar zu machen. Gleichzeitig können aber noch über dieses Ziel hinaus die hier durchgeführten Rechnungen als Vorbild dienen für die Berechnung anderer Aufgaben mit anderen speziellen Koordinatennetzen.

II. Das Koordinatennetz.

a) Herleitung der Netzgleichungen.

Zeichnet man zu den beiden Punkten O_1 und O_2 der Abb. 1 sämtliche Apolloniuskreise, d. h. die Kurven $r_2 : r_1 = $ const, so bilden diese eine Schar von exzentrisch zu einander liegenden Kreisen. Durch geeignete Wahl der Strecke $2\,c$ ist es offenbar möglich, sich ein Netz von Kreisen zu schaffen, das derart über eine exzentrisch belastete Kreisplatte gelegt werden kann, daß

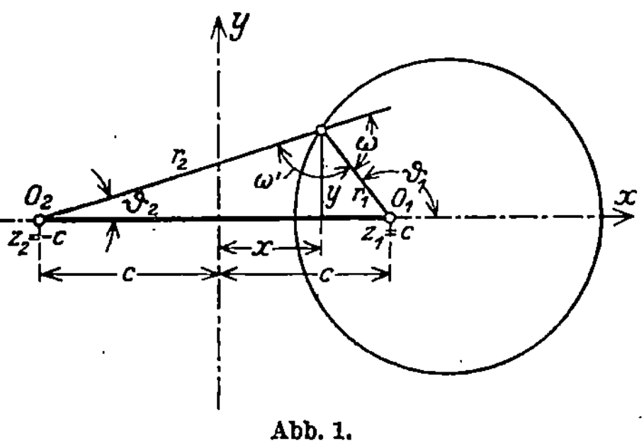

Abb. 1.

der Lastpunkt mit dem Punkt O_1 und der Randkreis mit einem der Apolloniuskreise zusammenfällt. Die Apolloniuskreise als Koordinatenlinien erfüllen also die im Teil I gestellte Bedingung.

Um aus dieser geometrischen Grundlage ein Koordinatennetz zu gewinnen, führt man die komplexe Zahl

$$z = x + iy$$

zur Kennzeichnung der Lage des beweglichen Punktes ein. An Stelle von r_1 und r_2 treten dann die Vektoren

$$\mathfrak{r}_1 = z - z_1 = r_1 \cdot e^{i\vartheta_1},$$
$$\mathfrak{r}_2 = z - z_2 = r_2 \cdot e^{i\vartheta_2}.$$

Der Quotient dieser beiden Größen reicht zur eindeutigen Bestimmung der Lage eines Punktes der Ebene aus. Durch Einführung des Logarithmus kann man aus ihm ohne weiteres Real-

und Imaginärteil trennen und erhält damit den Ansatz für die gesuchten Koordinaten λ, ω:

$$\log \frac{z+c}{z-c} = \log \frac{r_2}{r_1} + i\,(\vartheta_2 - \vartheta_1) = \lambda - i\,\omega'. \tag{2}$$

Diese Gleichung ist nach z aufzulösen. Man bringt sie dazu auf die Form

$$\frac{z+c}{z-c} = e^{\lambda - i\omega'}$$

und findet daraus

$$\frac{2z}{2c} = \frac{e^{\lambda - i\omega'} + 1}{e^{\lambda - i\omega'} - 1}.$$

Die rechte Seite wird mit $e^{-\lambda} \cdot (e^{\lambda + i\omega'} - 1)$ erweitert und liefert dann

$$\frac{z}{c} = \frac{\mathfrak{Sin}\,\lambda + i \sin \omega'}{\mathfrak{Cof}\,\lambda - \cos \omega'}.$$

Führt man statt ω' den Supplementwinkel $\omega = \pi - \omega'$ ein, so erhält man nach Trennung des reellen vom imaginären die Netzgleichungen

$$\begin{aligned}
x &= c\,\frac{\mathfrak{Sin}\,\lambda}{\mathfrak{Cof}\,\lambda + \cos \omega}, \\[4pt]
y &= c\,\frac{\sin \omega}{\mathfrak{Cof}\,\lambda + \cos \omega}.
\end{aligned} \tag{3}$$

Da später die Ableitungen der neuen Koordinaten nach den kartesischen gebraucht werden, müssen die Definitionsgleichungen (3) nach λ, ω aufgelöst werden. Indem man in beiden Gleichungen den Zähler der rechten Seite nach links bringt, erhält man durch Gleichsetzen der linken Seiten die Beziehung

$$x : \mathfrak{Sin}\,\lambda = y : \sin \omega,$$

die umgeformt wird in

$$\begin{aligned}
x^2\,(1 - \cos^2 \omega) &= + y^2\,\mathfrak{Sin}^2\,\lambda \\[4pt]
y^2\,(1 - \mathfrak{Cof}^2\,\lambda) &= - x^2 \sin^2 \omega .
\end{aligned} \tag{4a, b}$$

und

Ferner liefern die Gleichungen (3):

$$x \cos \omega = c\,\mathfrak{Sin}\,\lambda - x\,\mathfrak{Cof}\,\lambda,$$

$$y\,\mathfrak{Cof}\,\lambda = c \sin \omega - y \cos \omega .$$

Setzt man diese Werte in die Gleichungen (4a, b) ein, so erhält man zwei Gleichungen, die je nur eine Unbekannte enthalten:

$$x^2 - (c\,\mathfrak{Sin}\,\lambda - x\,\mathfrak{Cof}\,\lambda)^2 = + y^2\,\mathfrak{Sin}^2\,\lambda ,$$

$$y^2 - (c \sin \omega - y \cos \omega)^2 = - x^2 \sin^2 \omega .$$

Die Gleichungen werden durch $\mathfrak{Cos}^2\lambda$ oder $\cos^2\omega$ dividiert und nach den Tangenten der Unbekannten aufgelöst:

$$\left.\begin{aligned}\mathfrak{Tan}\,\lambda &= \frac{2\,c\,x}{c^2+x^2+y^2}\,, \\ \tan\omega &= \frac{2\,c\,y}{c^2-x^2-y^2}\,.\end{aligned}\right\} \tag{5}$$

Mit Hilfe der Gleichungen (3) und (5) ist es möglich, für jeden Punkt der Ebene aus den einen Koordinaten die andern zu bestimmen und umgekehrt.

Die Formeln lassen erkennen, daß das Netz durch Angabe des Netzparameters c vollständig bestimmt ist. Es gibt also nur eine einfache Mannigfaltigkeit von Netzen. Alle möglichen Netze sind ähnlich und Netze mit gleichem c sind kongruent.

b) Die Koordinatenlinien.

Will man die Koordinatenlinien aufzeichnen, so ist es nötig, die Bestimmungsstücke dieser Kurven genau festzulegen. Aus Abb. 1 (S. 3) folgt, daß die Linien

$$\lambda = \log\frac{r_2}{r_1} = \text{const}$$

die Apolloniuskreise zur Strecke $O_1\,O_2$ sind, während die Linien $\omega = \text{const}$ durch die Kreisbogen über der Sehne $O_1\,O_2$ dargestellt werden (Peripheriewinkelsatz!). Zur Berechnung der Radien und Mittelpunktskoordinaten dieser Kreise geht man auf die Netzgleichungen zurück. Zunächst werden aus (5) die Gleichungen der Koordinatenlinien in kartesischen Koordinaten abgeleitet, indem man λ, ω konstant setzt. Durch eine einfache Umformung erhält man

$$\left.\begin{aligned}(x-c\,\mathfrak{Cot}\,\lambda)^2+y^2 &= c^2/\mathfrak{Sin}^2\lambda\,, \\ x^2+(y+c\cot\omega)^2 &= c^2/\sin^2\omega\,.\end{aligned}\right\} \tag{6}$$

Aus diesen Gleichungen gewinnt man die Bestimmungsstücke der Kreise:

$$\text{für die } \lambda\text{-Kurven:}\quad \left.\begin{aligned}\text{Halbmesser}\quad r_\lambda &= c/\mathfrak{Sin}\,\lambda \\ \text{Mittelpunktskoord.}\quad x_\lambda &= c\,\mathfrak{Cot}\,\lambda \\ y_\lambda &= 0\,;\end{aligned}\right\} \tag{7a}$$

$$\text{für die } \omega\text{-Kurven:}\quad \left.\begin{aligned}\text{Halbmesser}\quad r_\omega &= c/\sin\omega \\ \text{Mittelpunktskoord.}\quad x_\omega &= 0 \\ y_\omega &= -c\cot\omega\,.\end{aligned}\right\} \tag{7b}$$

Aus den Gleichungen (7a) ergibt sich, daß für $\lambda = \infty$ und $\lambda = -\infty$ $r_\lambda = 0$ wird. Diese beiden Kreise schrumpfen also in Punkte zusammen, die die Koordinaten $x_\lambda = \pm c$, $y_\lambda = 0$ haben. Für $\lambda = 0$ wird $r_\lambda = \infty$, $x_\lambda = \pm \infty$, $y_\lambda = 0$. Diese λ-Kurve fällt auf die y-Achse. Zeichnet man sich die λ-Kreise auf nach den Gleichungen (7a), so sieht man, daß die Kurven $\lambda > 0$ den

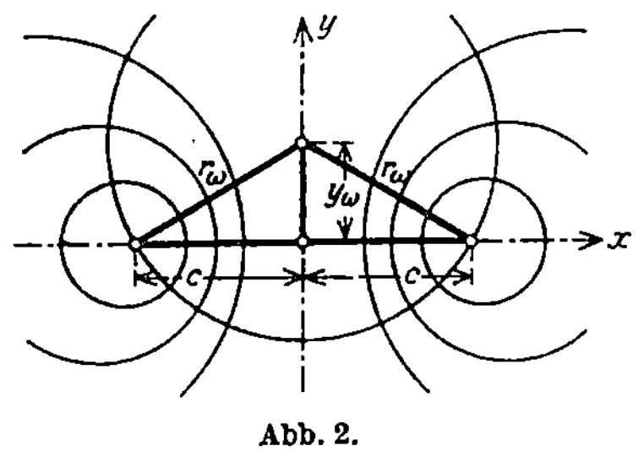

Abb. 2.

Punkt $\lambda = +\infty$ und die Kurven $\lambda < 0$ den Punkt $\lambda = -\infty$ umkreisen (Abb. 2). Diese beiden ausgezeichneten Punkte sollen die Pole des Netzes genannt werden.

Da nach (7b)

$$r_\omega^2 - y_\omega^2 = c^2 \left(\frac{1}{\sin^2 \omega} - \cot^2 \omega \right) = c^2$$

ist, so gehen nach Abb. 2 alle ω-Kreise durch die beiden Punkte $\lambda = \pm \infty$, schneiden sich also in den Polen des Netzes.

Da später die Momente und Querkräfte für Schnitte in Richtung der Netzkurven aufgestellt werden sollen, so müssen deren Richtungen festgestellt werden. Man findet sie durch Differenzieren aus den Gleichungen (6).

Für die λ-Kurven ergibt sich

$$\frac{dy}{dx} = -\frac{x - c \operatorname{\mathfrak{Cot}} \lambda}{y}$$

und mit Hilfe der Gleichungen (3):

$$\frac{dy}{dx} = -\frac{c \operatorname{\mathfrak{Sin}} \lambda - c \operatorname{\mathfrak{Cot}} \lambda (\operatorname{\mathfrak{Cof}} \lambda + \cos \omega)}{c \sin \omega}$$

$$\frac{dy}{dx} = \frac{1 + \operatorname{\mathfrak{Cof}} \lambda \cos \omega}{\operatorname{\mathfrak{Sin}} \lambda \sin \omega} . \tag{8}$$

Entsprechend findet man die Neigung der ω-Kurve:

$$\frac{dy}{dx} = \frac{-x}{y + c \cot \omega} = -\frac{\operatorname{\mathfrak{Sin}} \lambda \sin \omega}{1 + \operatorname{\mathfrak{Cof}} \lambda \cos \omega} = \tan \alpha . \tag{9}$$

Mit α wird dabei der Neigungswinkel der ω-Kurven gegen die x-Achse bezeichnet, wie Abb. 3 angibt. Aus den Gleichungen (8) und (9) erkennt man, daß sich die Koordinatenlinien überall unter rechten Winkeln schneiden.

Es sollen jetzt noch für spätere Verwendung $\cos\alpha$ und $\sin\alpha$ berechnet werden:

$$\cos^2\alpha = \frac{(1+\operatorname{\mathfrak{Cof}}\lambda\cos\omega)^2}{(1+\operatorname{\mathfrak{Cof}}\lambda\cos\omega)^2+\operatorname{\mathfrak{Sin}}^2\lambda\sin^2\omega}\,,$$

$$\left.\begin{aligned}\cos\alpha &= \frac{1+\operatorname{\mathfrak{Cof}}\lambda\cos\omega}{\operatorname{\mathfrak{Cof}}\lambda+\cos\omega}\,,\\[2mm]\sin\alpha &= \tan\alpha\cdot\cos\alpha = -\frac{\operatorname{\mathfrak{Sin}}\lambda\sin\omega}{\operatorname{\mathfrak{Cof}}\lambda+\cos\omega}\,.\end{aligned}\right\} \tag{10}$$

Bei dieser Berechnung von Kosinus und Sinus aus dem Tangens ist das Vorzeichen nicht eindeutig, .weil beide Funktionen als Quadratwurzeln erscheinen. Man überzeugt sich, daß an der in Abb. 3 gezeichneten Stelle, wo $0 > \omega > -\dfrac{\pi}{2}$ ist, alle Winkelfunktionen von α positiv werden.

Schließlich ist es noch notwendig, das Bogendifferential ds längs eines λ-Kreises in den neuen Koordinaten auszudrücken. Mit $\lambda = \text{const}$

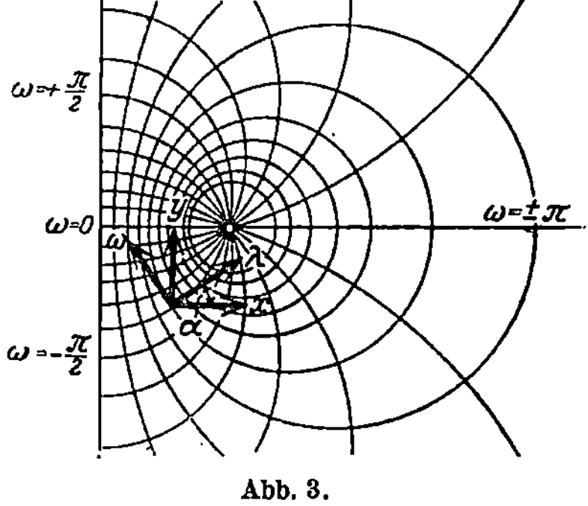

Abb. 3.

findet man aus den Gleichungen (3) das totale Differential

$$dx = \frac{\partial x}{\partial\omega}\,d\omega = c\,\frac{\operatorname{\mathfrak{Sin}}\lambda\sin\omega}{(\operatorname{\mathfrak{Cof}}\lambda+\cos\omega)^2}\,d\omega\,,$$

$$dy = \frac{\partial y}{\partial\omega}\,d\omega = c\,\frac{1+\operatorname{\mathfrak{Cof}}\lambda\cos\omega}{(\operatorname{\mathfrak{Cof}}\lambda+\cos\omega)^2}\,d\omega\,.$$

Damit ergibt sich

$$ds = \frac{c\,d\omega}{(\operatorname{\mathfrak{Cof}}\lambda+\cos\omega)^2}\sqrt{\operatorname{\mathfrak{Sin}}^2\lambda\sin^2\omega + (1+\operatorname{\mathfrak{Cof}}\lambda\cos\omega)^2}\,,$$

$$ds = \frac{c\,d\omega}{\operatorname{\mathfrak{Cof}}\lambda+\cos\omega}\,. \tag{11}$$

Für die ω-Kurve findet man ganz entsprechend das Bogendifferential

$$ds = \frac{c\,d\lambda}{\operatorname{\mathfrak{Cof}}\lambda+\cos\omega}\,.$$

Man erkennt aus den beiden letzten Gleichungen, daß für $d\lambda = d\omega$ die beiden ds gleich groß werden. Das Flächendifferential ist dann ein Quadrat.

c) Bestimmung des Netzes für eine gegebene Aufgabe.

Das hier ausführlich behandelte Koordinatennetz kann in mannigfacher Weise zur Berechnung von Platten verwendet werden. Es sollen hier nur zwei Fälle näher ins Auge gefaßt werden: die Kreisplatte mit einem singulären Punkt (Einzellast) und die Kreisringplatte mit exzentrischen Grenzkreisen.

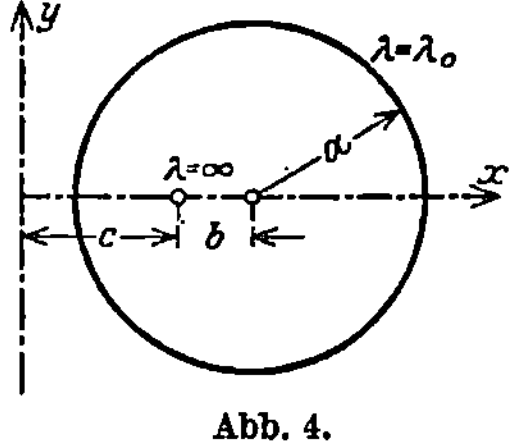

Abb. 4.

Im ersten Fall wird gefordert, den Parameter c derart zu bestimmen, daß das Netz einen gegebenen Kreis vom Radius a, den Randkreis der Platte, und einen in ihm liegenden Punkt O enthält (Abb. 4). Für den Randkreis der Platte sei $\lambda = \lambda_0$, für O ist $\lambda = \infty$. Mit den Bezeichnungen der Abb. 4 und der Abkürzung $b/a = \beta$ erhalten dann die Bedingungen die folgende Fassung:

Für $\lambda = \lambda_0$ muß $r_\lambda = a$ sein, also

$$c/\mathfrak{Sin}\,\lambda_0 = a\,,$$

und ferner $x_\lambda - c = b$, also

$$c\,\mathfrak{Cot}\,\lambda_0 - c = b\,.$$

Dividiert man beide Gleichungen durch einander, so erhält man

$$\beta = b/a = \mathfrak{Sin}\,\lambda_0\,(\mathfrak{Cot}\,\lambda_0 - 1)\,,$$
$$\beta = e^{-\lambda_0}$$

und daraus
$$\lambda_0 = -\log\beta\,. \tag{12}$$

Die erste Bedingung liefert dann

$$c = a\,\mathfrak{Sin}\,\lambda_0\,,$$
$$c = a\,\frac{1-\beta^2}{2\,\beta}\,. \tag{13}$$

Es seien hier noch die folgenden Beziehungen aufgeführt, die aus Gleichung (12) abgelesen werden können und deren letzte der Gleichung (13) zugrunde liegt:

$$\left.\begin{aligned}
e^{\lambda_0} &= 1/\beta\,, \qquad e^{-\lambda_0} = \beta\,,\\[4pt]
\mathfrak{Cof}\,\lambda_0 &= \frac{1}{2}\left(\frac{1}{\beta}+\beta\right) = \frac{1+\beta^2}{2\,\beta}\,,\\[4pt]
\mathfrak{Sin}\,\lambda_0 &= \frac{1}{2}\left(\frac{1}{\beta}-\beta\right) = \frac{1-\beta^2}{2\,\beta}\,.
\end{aligned}\right\} \tag{14}$$

Diese Gleichungen leisten vor allem nützliche Dienste bei der Einführung der Randbedingungen in die Plattenansätze, da sie es ermöglichen, die Randkreiswerte der vier überall vorkommenden Funktionen von λ durch den Wert β auszudrücken, der in der Anwendung meist eine runde Zahl sein wird.

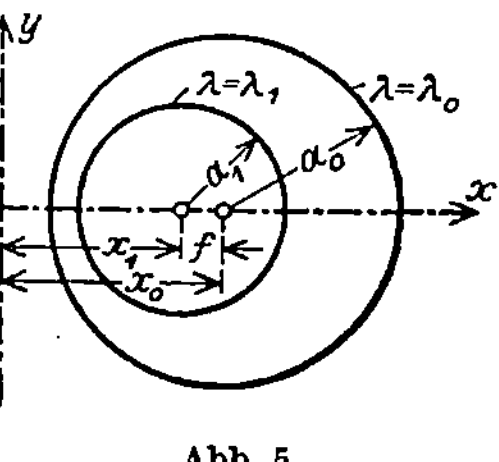

Abb. 5.

Die Berechnung von c gestaltet sich nicht ganz so einfach, wenn das Netz für eine Kreisringplatte Verwendung finden soll. Abb. 5 zeigt die beiden Grenzkreise $\lambda = \lambda_0$ und $\lambda = \lambda_1$ einer solchen Platte. Ihre Größe und gegenseitige Lage ist bestimmt durch die drei Strecken a_0, a_1, f. Aus ihnen werden zur Vereinfachung der Rechnung Quotienten gebildet:

$$f/a_0 = \beta_0\,, \quad f/a_1 = \beta_1\,, \left.\begin{array}{l}\\ \\ \end{array}\right\}$$
$$a_0/a_1 = \beta_1/\beta_0 = \psi\,. \tag{15}$$

Die zu berechnenden Unbekannten sind c, λ_0, λ_1. Die dazu erforderlichen drei Gleichungen sagen aus, daß die Radien der beiden Kreise $\lambda = \lambda_0$ und $\lambda = \lambda_1$ die gegebenen Werte a_0 und a_1 haben und ferner, daß $f = x_0 - x_1$ ist. Nach (7a) findet man mit geringfügiger Umformung:

$$c = a_0 \operatorname{\mathfrak{Sin}} \lambda_0\,,$$
$$c = a_1 \operatorname{\mathfrak{Sin}} \lambda_1\,, \left.\begin{array}{l}\\ \\ \\ \end{array}\right\}$$
$$f = c\,(\operatorname{\mathfrak{Cot}} \lambda_0 - \operatorname{\mathfrak{Cot}} \lambda_1)\,. \tag{16a—c}$$

Aus (16a) und (16b) folgt

$$\operatorname{\mathfrak{Sin}} \lambda_1 = \psi \operatorname{\mathfrak{Sin}} \lambda_0$$

und weiter aus (16a) und (16c):

$$\beta_0 = \operatorname{\mathfrak{Sin}} \lambda_0\,(\operatorname{\mathfrak{Cot}} \lambda_0 - \operatorname{\mathfrak{Cot}} \lambda_1) = \frac{\operatorname{\mathfrak{Sin}}(\lambda_1 - \lambda_0)}{\operatorname{\mathfrak{Sin}} \lambda_1}$$
$$= \sqrt{1 + \operatorname{\mathfrak{Sin}}^2 \lambda_0} - \frac{\operatorname{\mathfrak{Sin}} \lambda_0}{\operatorname{\mathfrak{Sin}} \lambda_1}\sqrt{1 + \operatorname{\mathfrak{Sin}}^2 \lambda_1}\,.$$

Führt man die Bezeichnungen

$$u = \operatorname{\mathfrak{Sin}} \lambda_0\,, \quad v = \operatorname{\mathfrak{Sin}} \lambda_1$$

ein, so erhält man daraus das Gleichungspaar

$$v\sqrt{1 + u^2} - u\sqrt{1 + v^2} = \beta_0 v\,, \left.\begin{array}{l}\\ \\ \end{array}\right\}$$
$$v = \psi u\,. \tag{17a, b}$$

Durch Quadrieren, Neuordnen der Summanden und nochmaliges Quadrieren findet man aus (17a) eine Gleichung 8. Grades in u und v:

$$4\,u^2 v^2\,(1+u^2)\,(1+v^2) = \beta_0^4\,v^4 + v^4\,(1+u^2)^2$$
$$+ u^4\,(1+v^2)^2 + 2\,u^2 v^2\,(1+u^2)\,(1+v^2)$$
$$- 2\,\beta_0^2\,v^4\,(1+u^2) - 2\,\beta_0^2\,u^2 v^2\,(1+v^2)\,.$$

Setzt man darin v nach (17b) ein, so kann man zunächst durch u^4 dividieren. Wenn man dann nach Potenzen von u ordnet, so wird der Koeffizient von u^4 Null, so daß man eine reinquadratische Gleichung erhält, da ungerade Potenzen von u überhaupt nicht vorkommen:

$$4\,\beta_1^2\,\psi^2\,u^2 = (1 - \psi^2 - \beta_1^2)^2\,,$$

$$u = \frac{1 - \psi^2 - \beta_1^2}{2\,\beta_1\,\psi}\,.$$

Nach (16a) und (16b) erhält man daraus

$$\left.\begin{aligned}
c &= \frac{a_1^2 - a_0^2 - f^2}{2\,f}, \\[2mm]
\lambda_0 &= \mathfrak{Ar}\,\mathfrak{Sin}\,\frac{c}{a_0}, \\[2mm]
\lambda_1 &= \mathfrak{Ar}\,\mathfrak{Sin}\,\frac{c}{a_1}\,.
\end{aligned}\right\} \qquad (18)$$

d) Beziehungen zu den Polarkoordinaten.

Hat man mehrere Einzellasten auf einer Platte stehen, so kann man sich ein Koordinatennetz suchen, das mehrere Pole hat, und damit die Berechnung durchführen. Dabei ist es nötig, die sämtlichen in dieser Arbeit enthaltenen Rechnungen für ein wesentlich verwickelter gebautes Netz von neuem durchzuführen. Insbesondere die Beschaffung der nötigen Partikularlösungen samt den zugehörigen Schnittkräften stellt eine sehr umfangreiche Rechenarbeit dar. Es liegt daher der Gedanke nahe, auf eine Lösung dieser Biegungsaufgabe durch geschlossene Formeln zu verzichten und die für eine Einzellast gewonnenen Werte sinngemäß mehr-

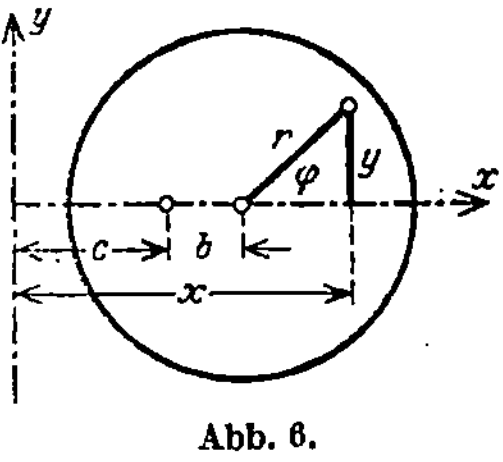

Abb. 6.

fach zu superponieren. Dazu ist es nötig, von einem Koordinatensystem auf ein anderes überzugehen. Man wird dabei zweckmäßig alles in den verschiedenen λ-ω-Systemen Gerechnete zur Superposition in ein Polarkoordinatensystem übertragen, dessen Ursprung im Plattenmittelpunkt liegt. Dazu ist es nötig, Formeln aufzustellen, die es ermöglichen, die λ, ω in Polarkoordinaten r, φ umzurechnen und umgekehrt.

Nach Abb. 6 ist

$$r = \sqrt{(x-b-c)^2 + y^2},$$

x und y lassen sich nach (3) durch λ, ω ausdrücken. Man erhält dann

$$r = c\sqrt{\left(\frac{\mathfrak{Sin}\,\lambda}{\mathfrak{Cof}\,\lambda + \cos\omega} - \frac{b}{c} - 1\right)^2 + \frac{\sin^2\omega}{(\mathfrak{Cof}\,\lambda + \cos\omega)^2}}.$$

Führt man hierin $\dfrac{b}{c} + 1 = \dfrac{1+\beta^2}{1-\beta^2}$ ein und ordnet die Glieder um, so erhält man schließlich

$$\left. \begin{aligned} r = \frac{c}{(1-\beta^2)(\mathfrak{Cof}\,\lambda + \cos\omega)} \cdot \\ \cdot \sqrt{(\beta^2 e^\lambda + e^{-\lambda} + (1+\beta^2)\cos\omega)^2 + (1-\beta^2)\sin^2\omega}. \end{aligned} \right\} \quad (19)$$

Den Winkel φ findet man ebenfalls aus Abb. 6:

$$\cot\varphi = \frac{x-b-c}{y} = \frac{\mathfrak{Sin}\,\lambda - (\mathfrak{Cof}\,\lambda + \cos\omega)\dfrac{1+\beta^2}{1-\beta^2}}{\sin\omega},$$

$$\cot\varphi = \frac{1+\beta^2}{1-\beta^2}\cot\omega + \frac{\beta^2 e^\lambda + e^{-\lambda}}{(1-\beta^2)\sin\omega}. \quad (20)$$

III. Überführung der Hauptgleichungen der Plattentheorie in krummlinige Koordinaten.

a) Die Ableitungen von ζ.

Die Lösung jeder Plattenaufgabe beginnt mit der Bestimmung der Durchbiegung ζ als Funktion der Grundrißkoordinaten. Die Schnittkräfte werden dann aus den Ableitungen von ζ gefunden. Es ist deshalb nötig, die ersten und zweiten Ableitungen von ζ nach x, y in die Ableitungen nach λ, ω überzuführen. Die im folgenden für ζ aufgestellten Formeln gelten natürlich für jede stetige, zweimal differenzierbare Funktion der Koordinaten.

Man findet die Ableitungen nach den bekannten Regeln für das Differenzieren von Funktionen mehrerer Veränderlicher:

$$\left.\begin{aligned}
\frac{\partial \zeta}{\partial x} &= \frac{\partial \zeta}{\partial \lambda}\frac{d\lambda}{dx} + \frac{\partial \zeta}{\partial \omega}\frac{d\omega}{dx}, \\[2mm]
\frac{\partial \zeta}{\partial y} &= \frac{\partial \zeta}{\partial \lambda}\frac{d\lambda}{dy} + \frac{\partial \zeta}{\partial \omega}\frac{d\omega}{dy}, \\[2mm]
\frac{\partial^2 \zeta}{\partial x^2} &= \frac{\partial^2 \zeta}{\partial \lambda^2}\left(\frac{d\lambda}{dx}\right)^2 + 2\frac{\partial^2 \zeta}{\partial \lambda \partial \omega}\frac{d\lambda}{dx}\frac{d\omega}{dx} + \frac{\partial^2 \zeta}{\partial \omega^2}\left(\frac{d\omega}{dx}\right)^2 + \frac{\partial \zeta}{\partial \lambda}\frac{d^2\lambda}{dx^2} + \frac{\partial \zeta}{\partial \omega}\frac{d^2\omega}{dx^2}. \\[2mm]
\frac{\partial^2 \zeta}{\partial x\, \partial y} &= \frac{\partial^2 \zeta}{\partial \lambda^2}\frac{d\lambda}{dx}\frac{d\lambda}{dy} + \frac{\partial^2 \zeta}{\partial \lambda \partial \omega}\left(\frac{d\lambda}{dx}\frac{d\omega}{dy} + \frac{d\omega}{dx}\frac{d\lambda}{dy}\right) \\[2mm]
&\quad + \frac{\partial^2 \zeta}{\partial \omega^2}\frac{d\omega}{dx}\frac{d\omega}{dy} + \frac{\partial \zeta}{\partial \lambda}\frac{d^2\lambda}{dx\,dy} + \frac{\partial \zeta}{\partial \omega}\frac{d^2\omega}{dx\,dy}, \\[2mm]
\frac{\partial^2 \zeta}{\partial y^2} &= \frac{\partial^2 \zeta}{\partial \lambda^2}\left(\frac{d\lambda}{dy}\right)^2 + 2\frac{\partial^2 \zeta}{\partial \lambda \partial \omega}\frac{d\lambda}{dy}\frac{d\omega}{dy} + \frac{\partial^2 \zeta}{\partial \omega^2}\left(\frac{d\omega}{dy}\right)^2 + \frac{\partial \zeta}{\partial \lambda}\frac{d^2\lambda}{dy^2} + \frac{\partial \zeta}{\partial \omega}\frac{d^2\omega}{dy^2}.
\end{aligned}\right\} \quad (21)$$

Die in diesen Gleichungen als Koeffizienten auftretenden ersten und zweiten Ableitungen von λ, ω nach x, y werden aus den Gleichungen (5) gefunden:

$$\begin{aligned}
\frac{d\lambda}{dx} &= \frac{d}{dx}\,\mathfrak{Ar}\,\mathfrak{Tan}\,\frac{2cx}{c^2 + x^2 + y^2} \\[2mm]
&= \frac{1}{1 - \mathfrak{Tan}^2\lambda}\,\frac{(c^2 + x^2 + y^2)\cdot 2c - 2cx\cdot 2x}{(c^2 + x^2 + y^2)^2} \\[2mm]
&= \mathfrak{Cos}^2\lambda\left(\frac{\mathfrak{Tan}\,\lambda}{x} - \frac{\mathfrak{Tan}^2\,\lambda}{c}\right) \\[2mm]
&= \mathfrak{Cos}^2\lambda\left(\frac{\mathfrak{Cos}\,\lambda + \cos\omega}{c\,\mathfrak{Cos}\,\lambda} - \frac{\mathfrak{Sin}^2\,\lambda}{c\,\mathfrak{Cos}^2\,\lambda}\right),
\end{aligned}$$

$$\left.\begin{aligned}
\frac{d\lambda}{dx} &= \frac{1}{c}\,(1 + \mathfrak{Cos}\,\lambda \cos\omega), \\[2mm]
\frac{d\lambda}{dy} &= -\frac{1}{c}\,\mathfrak{Sin}\,\lambda \sin\omega, \\[2mm]
\frac{d\omega}{dx} &= \frac{1}{c}\,\mathfrak{Sin}\,\lambda \sin\omega, \\[2mm]
\frac{d\omega}{dy} &= \frac{1}{c}\,(1 + \mathfrak{Cos}\,\lambda \cos\omega).
\end{aligned}\right\} \quad (22)$$

Durch Weiterdifferenzieren findet man auch die zweiten Ableitungen. Sie lauten:

$$\frac{d^2\lambda}{dx^2} = \frac{d^2\omega}{dx\,dy} = -\frac{d^2\lambda}{dy^2}$$

$$= \frac{1}{c^2}\left[\mathfrak{Sin}\,\lambda\cos\omega + \mathfrak{Cof}\,\lambda\,\mathfrak{Sin}\,\lambda\,(\cos^2\omega - \sin^2\omega)\right]$$

$$-\frac{d^2\omega}{dx^2} = \frac{d^2\lambda}{dx\,dy} = \frac{d^2\omega}{dy^2}$$

$$= -\frac{1}{c^2}\left[\mathfrak{Cof}\,\lambda\sin\omega + (\mathfrak{Cof}^2\,\lambda + \mathfrak{Sin}^2\,\lambda)\cos\omega\sin\omega\right]. \tag{23}$$

Diese Ergebnisse sollen nun dazu benutzt werden, $\nabla^2\zeta$ zu berechnen:

$$\nabla^2\zeta = \frac{\partial^2\zeta}{\partial x^2} + \frac{\partial^2\zeta}{\partial y^2} = \frac{\partial^2\zeta}{\partial\lambda^2}\left[(1 + \mathfrak{Cof}\,\lambda\cos\omega)^2 + \mathfrak{Sin}^2\,\lambda\sin^2\omega\right]$$

$$+ \frac{\partial^2\zeta}{\partial\omega^2}\left[(1 + \mathfrak{Cof}\,\lambda\cos\omega)^2 + \mathfrak{Sin}^2\,\lambda\sin^2\omega\right].$$

Die Faktoren der drei anderen Ableitungen von ζ sind Null. Man erhält durch Zusammenrechnen

$$\nabla^2\zeta = \frac{1}{c^2}(\mathfrak{Cof}\,\lambda + \cos\omega)^2\left[\frac{\partial^2\zeta}{\partial\lambda^2} + \frac{\partial^2\zeta}{\partial\omega^2}\right]. \tag{24}$$

Die Plattengleichung lautet demnach

$$\frac{1}{c^4}\left[(\mathfrak{Cof}\,\lambda + \cos\omega)^2\left[\frac{\partial^2}{\partial\lambda^2} + \frac{\partial^2}{\partial\omega^2}\right]\right]^2\zeta = \frac{p}{K}. \tag{25}$$

b) Die Momente.

Für die Definition der Momentenvorzeichen wird folgende Regel festgelegt: Erstreckt sich das durch den Schnitt begrenzte Stück der Platte nach der Richtung fallender Koordinaten, so sind die Momente positiv, wenn die von ihnen erzeugten Spannungen an der Plattenunterseite in Richtung der positiven Koordinatenachsen wirken.

Abb. 7 veranschaulicht die Vorzeichenregel für ein Plattendifferential, dessen Kanten zu den Richtungen x, y parallel sind.

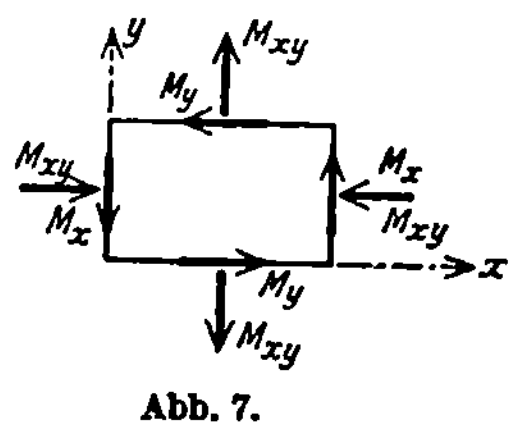

Abb. 7.

Bei der Behandlung von Plattenaufgaben mit Hilfe der Koordinaten λ, ω wird man selbstverständlich die Momente für Schnitte in Richtung der Koordinatenlinien dieses Netzes angeben. Diese Momente müssen also durch die Ableitungen von ζ nach diesen Richtungen ausgedrückt werden. Um das zu erreichen, werden zunächst die Momente M_x, M_y, M_{xy} durch die Ableitungen nach λ, ω ausgedrückt und dann daraus die gesuchten M_λ, M_ω, $M_{\lambda\omega}$ abgeleitet.

Mit Hilfe der Gleichungen (21) bis (23) findet man:

$$M_x = - K\left(\frac{\partial^2\zeta}{\partial x^2} + \nu\,\frac{\partial^2\zeta}{\partial y^2}\right),$$

$$\begin{aligned}
M_x = -\frac{K}{c^2}\Big[&\big[(1 + \mathfrak{Cof}\,\lambda\cos\omega)^2 + \nu\,\mathfrak{Sin}^2\lambda\sin^2\omega\big]\frac{\partial^2\zeta}{\partial\lambda^2} \\
&+ 2(1-\nu)(1 + \mathfrak{Cof}\,\lambda\cos\omega)\,\mathfrak{Sin}\,\lambda\sin\omega\,\frac{\partial^2\zeta}{\partial\lambda\partial\omega} \\
&+ \big[\mathfrak{Sin}^2\lambda\sin^2\omega + \nu(1 + \mathfrak{Cof}\,\lambda\cos\omega)^2\big]\frac{\partial^2\zeta}{\partial\omega^2} \\
&+ (1-\nu)\big[\mathfrak{Sin}\,\lambda\cos\omega + \mathfrak{Cof}\,\lambda\,\mathfrak{Sin}\,\lambda\,\cdot \\
&\qquad\qquad\qquad\qquad \cdot(\cos^2\omega - \sin^2\omega)\big]\frac{\partial\zeta}{\partial\lambda} \\
&+ (1-\nu)\big[\mathfrak{Cof}\,\lambda\sin\omega + (\mathfrak{Cof}^2\lambda + \mathfrak{Sin}^2\lambda)\cdot \\
&\qquad\qquad\qquad\qquad \cdot\cos\omega\sin\omega\big]\frac{\partial\zeta}{\partial\omega}\Big]. \qquad (26\,\mathrm{a})
\end{aligned}$$

$$\begin{aligned}
M_y &= - K\left(\frac{\partial^2\zeta}{\partial y^2} + \nu\,\frac{\partial^2\zeta}{\partial x^2}\right) \\
&= -\frac{K}{c^2}\Big[\big[\mathfrak{Sin}^2\lambda\sin^2\omega + \nu(1 + \mathfrak{Cof}\,\lambda\cos\omega)^2\big]\frac{\partial^2\zeta}{\partial\lambda^2} \\
&\qquad - 2(1-\nu)(1 + \mathfrak{Cof}\,\lambda\cos\omega)\,\mathfrak{Sin}\,\lambda\sin\omega\,\frac{\partial^2\zeta}{\partial\lambda\partial\omega} \\
&\qquad + \big[(1 + \mathfrak{Cof}\,\lambda\cos\omega)^2 + \nu\,\mathfrak{Sin}^2\lambda\sin^2\omega\big]\frac{\partial^2\zeta}{\partial\omega^2} \\
&\qquad - (1-\nu)\big[\mathfrak{Sin}\,\lambda\cos\omega + \mathfrak{Cof}\,\lambda\,\mathfrak{Sin}\,\lambda\,\cdot \\
&\qquad\qquad\qquad\qquad\quad \cdot(\cos^2\omega - \sin^2\omega)\big]\frac{\partial\zeta}{\partial\lambda} \\
&\qquad - (1-\nu)\big[\mathfrak{Cof}\,\lambda\sin\omega + (\mathfrak{Cof}^2\lambda + \mathfrak{Sin}^2\lambda)\cdot \\
&\qquad\qquad\qquad\qquad\quad \cdot\cos\omega\sin\omega\big]\frac{\partial\zeta}{\partial\omega}\Big]. \qquad (26\,\mathrm{b})
\end{aligned}$$

$$\begin{aligned}
M_{xy} &= - K(1-\nu)\frac{\partial^2\zeta}{\partial x\,\partial y} \\
&= -\frac{K}{c^2}(1-\nu)\Big[(1 + \mathfrak{Cof}\,\lambda\cos\omega)\,\mathfrak{Sin}\,\lambda\sin\omega\cdot\left(\frac{\partial^2\zeta}{\partial\omega^2} - \frac{\partial^2\zeta}{\partial\lambda^2}\right) \\
&\qquad + \big[(1 + \mathfrak{Cof}\,\lambda\cos\omega)^2 - \mathfrak{Sin}^2\lambda\sin^2\omega\big]\frac{\partial^2\zeta}{\partial\lambda\partial\omega} \\
&\qquad - \big[\mathfrak{Cof}\,\lambda\sin\omega + (\mathfrak{Cof}^2\lambda + \mathfrak{Sin}^2\lambda)\cdot\cos\omega\sin\omega\big]\frac{\partial\zeta}{\partial\lambda}, \\
&\qquad + \big[\mathfrak{Sin}\,\lambda\cos\omega + \mathfrak{Cof}\,\lambda\,\mathfrak{Sin}\,\lambda\cdot(\cos^2\omega - \sin^2\omega)\big]\frac{\partial\zeta}{\partial\omega}\Big]. \qquad (26\,\mathrm{c})
\end{aligned}$$

Um die Gleichungen zu finden, die den Übergang von den Momenten des Systems x, y zu denen des ebenfalls orthogonalen Systems λ, ω vermitteln, wird ein dreieckiges Plattendifferential, wie es Abb. 8 darstellt, herausgeschnitten. An ihm werden die Gleichgewichtsbedingungen der Momente für die Achsen λ und ω aufgestellt:

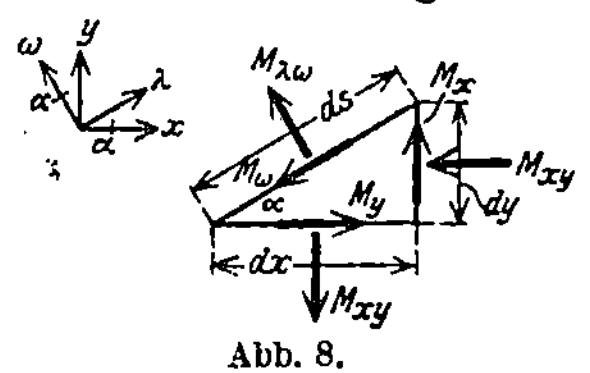

Abb. 8.

$$M_\omega\, ds = M_y\, dx \cos\alpha + M_x\, dy \sin\alpha - M_{xy}\,(dx \sin\alpha + dy \cos\alpha)\,,$$

$$M_{\lambda\omega}\, ds = M_y\, dx \sin\alpha - M_x\, dy \cos\alpha + M_{xy}\,(dx \cos\alpha - dy \sin\alpha)\,.$$

Diese Gleichungen liefern mit $ds = dx \cos\alpha$ und $dy = ds \sin\alpha$ die Momente M_ω und $M_{\lambda\omega}$. Entsprechend erhält man auch M_λ:

$$\left.\begin{aligned}
M_\lambda &= M_x \cos^2\alpha + M_y \sin^2\alpha + 2 M_{xy} \cos\alpha \sin\alpha\,,\\
M_\omega &= M_x \sin^2\alpha + M_y \cos^2\alpha - 2 M_{xy} \cos\alpha \sin\alpha\,,\\
M_{\lambda\omega} &= (M_y - M_x) \cos\alpha \sin\alpha + M_{xy} (\cos^2\alpha - \sin^2\alpha)\,.
\end{aligned}\right\} \quad (27)$$

Diese Gleichungen zeigen, wie man aus den Formeln (26) die Momente für das neue Achsensystem λ, ω in jedem Punkt angeben kann, wenn man weiß, wie dies System gegen das alte x, y orientiert ist, d. h. wenn man nach (9) den Winkel α kennt. Die Einführung von M_x, M_y, M_{xy} nach (26) und von α nach (10) in die Gleichungen (27) stellt eine sachlich einfache, aber sehr umständliche Rechnung dar, von der hier nur das Ergebnis angegeben werden soll:

$$\left.\begin{aligned}
M_\lambda ={}& -\frac{K}{c^2}\Big[(\mathfrak{Cof}\,\lambda + \cos\omega)^2 \Big(\frac{\partial^2\zeta}{\partial\lambda^2} + \nu\,\frac{\partial^2\zeta}{\partial\omega^2}\Big)\\
&+ (1-\nu)(\mathfrak{Cof}\,\lambda + \cos\omega)\Big(\mathfrak{Sin}\,\lambda\,\frac{\partial\zeta}{\partial\lambda} + \sin\omega\,\frac{\partial\zeta}{\partial\omega}\Big)\Big]\,,\\[2mm]
M_\omega ={}& -\frac{K}{c^2}\Big[(\mathfrak{Cof}\,\lambda + \cos\omega)^2 \Big(\nu\,\frac{\partial^2\zeta}{\partial\lambda^2} + \frac{\partial^2\zeta}{\partial\omega^2}\Big)\\
&- (1-\nu)(\mathfrak{Cof}\,\lambda + \cos\omega)\Big(\mathfrak{Sin}\,\lambda\,\frac{\partial\zeta}{\partial\lambda} + \sin\omega\,\frac{\partial\zeta}{\partial\omega}\Big)\Big]\,,\\[2mm]
M_{\lambda\omega} ={}& -\frac{K(1-\nu)}{c^2}\Big[(\mathfrak{Cof}\,\lambda + \cos\omega)^2\,\frac{\partial^2\zeta}{\partial\lambda\,\partial\omega}\\
&- (\mathfrak{Cof}\,\lambda + \cos\omega)\Big(\sin\omega\,\frac{\partial\zeta}{\partial\lambda} - \mathfrak{Sin}\,\lambda\,\frac{\partial\zeta}{\partial\omega}\Big)\Big]\,.
\end{aligned}\right\} (28)$$

Durch Addition von M_λ und M_ω findet man die Momentensumme M, die zur Prüfung von Ergebnissen und zur Ableitung der Querkräfte gebraucht wird:

$$M = M_\lambda + M_\omega = -\frac{K(1+\nu)}{c^2}(\mathfrak{Cof}\,\lambda + \cos\omega)^2\left(\frac{\partial^2\zeta}{\partial\lambda^2} + \frac{\partial^2\zeta}{\partial\omega^2}\right). \quad (29)$$

Durch Vergleich mit Gleichung (24) findet man die Grundgleichung der Plattentheorie bestätigt:

$$M = -K(1+\nu)\cdot\nabla^2\zeta\,. \quad (30)$$

c) Die Querkräfte.

In Abb. 9 sind alle die Schnittkräfte des Plattendifferentials $dx\cdot dy$ eingetragen, die zu einer Momentengleichung für die y-Achse einen Beitrag liefern. Diese Gleichung lautet:

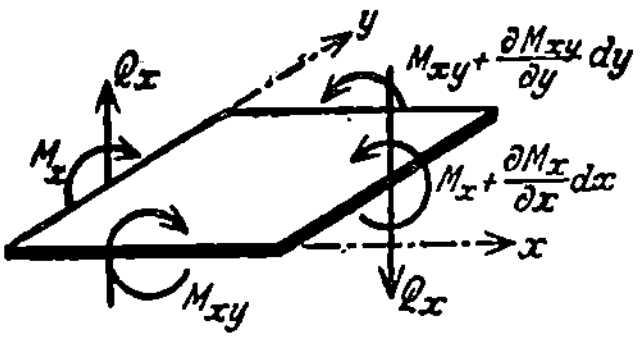

$$Q_x\,dy\cdot dx - \frac{\partial M_x}{\partial x}\,dx\,dy$$
$$- \frac{\partial M_{xy}}{\partial y}\,dy\,dx = 0\,.$$

Abb. 9.

Man erhält daraus nach (26a) und (26c):

$$Q_x = \frac{\partial M_x}{\partial x} + \frac{\partial M_{xy}}{\partial y} = -K\left(\frac{\partial^3\zeta}{\partial x^3} + \frac{\partial^3\zeta}{\partial x\,\partial y^2}\right) = -K\frac{\partial}{\partial x}\nabla^2\zeta$$

und weiter nach der Gleichung (30)

Entsprechend ist
$$\left.\begin{aligned}Q_x &= \frac{1}{1+\nu}\frac{\partial M}{\partial x}\cdot\\[2mm]Q_y &= \frac{1}{1+\nu}\frac{\partial M}{\partial y}\cdot\end{aligned}\right\} \quad (31)$$

Ähnlich wie die Momente müssen nun auch diese Querkräfte auf die Schnittrichtungen λ, ω umgerechnet werden. Die dazu nötigen Plattendifferentiale mit den daran angreifenden Schnittkräften zeigen die Abb. 10a, b. Man kann daraus folgende Gleichungen (Gleichgewichtsbedingungen der Kräfte in Richtung der Vertikalen) ablesen:

$$\left.\begin{aligned}Q_\lambda &= Q_x\cos\alpha + Q_y\sin\alpha\,,\\Q_\omega &= Q_y\cos\alpha - Q_x\sin\alpha\,.\end{aligned}\right\} \quad (32)$$

Setzt man in diese Gleichungen die Querkraft nach (31) und die Funktionen von α nach (10) ein, führt man ferner die in (31)

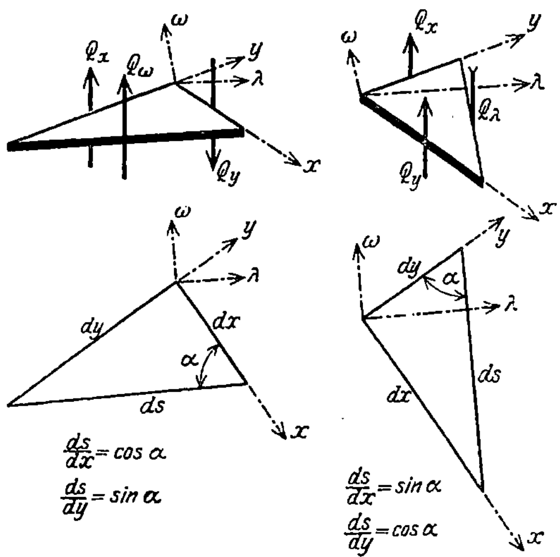

Abb. 10a, b.

vorhandenen Ableitungen von M nach x, y mit den Gleichungen (21) in solche nach λ, ω über, so erhält man

$$Q_\lambda = \frac{1}{(1+\nu)\,(\mathfrak{Cof}\,\lambda + \cos\omega)}\left[\frac{\partial M}{\partial x}\,(1 + \mathfrak{Cof}\,\lambda \cos\omega) - \frac{\partial M}{\partial y}\,\mathfrak{Sin}\,\lambda \sin\omega\right],$$

$$Q_\omega = \frac{1}{(1+\nu)\,(\mathfrak{Cof}\,\lambda + \cos\omega)}\left[\frac{\partial M}{\partial x}\,\mathfrak{Sin}\,\lambda \sin\omega + \frac{\partial M}{\partial y}\,(1 + \mathfrak{Cof}\,\lambda \cos\omega)\right],$$

$$Q_\lambda = \frac{1}{c\,(1+\nu)\,(\mathfrak{Cof}\,\lambda + \cos\omega)}\,\frac{\partial M}{\partial \lambda}\left[(1 + \mathfrak{Cof}\,\lambda \cos\omega)^2 + \mathfrak{Sin}^2\,\lambda \sin^2\omega\right],$$

$$Q_\omega = \frac{1}{c\,(1+\nu)\,(\mathfrak{Cof}\,\lambda + \cos\omega)}\,\frac{\partial M}{\partial \omega}\left[(1 + \mathfrak{Cof}\,\lambda \cos\omega)^2 + \mathfrak{Sin}^2\,\lambda \sin^2\omega\right].$$

Da $(1 + \mathfrak{Cof}\,\lambda \cos\omega)^2 + \mathfrak{Sin}^2\,\lambda \sin^2\omega = (\mathfrak{Cof}\,\lambda + \cos\omega)^2$ ist, so erhält man endlich

$$\left. \begin{aligned} Q_\lambda &= \frac{\mathfrak{Cof}\,\lambda + \cos\omega}{c\,(1+\nu)}\,\frac{\partial M}{\partial \lambda}, \\ Q_\omega &= \frac{\mathfrak{Cof}\,\lambda + \cos\omega}{c\,(1+\nu)}\,\frac{\partial M}{\partial \omega}. \end{aligned} \right\} \tag{33}$$

d) Die Stützkräfte.

Die Stützkräfte einer Platte setzen sich in bekannter Weise[1] aus den Anteilen der Randscherkräfte und der Randdrillungsmomente zusammen. Da in der vorliegenden Arbeit nur solche

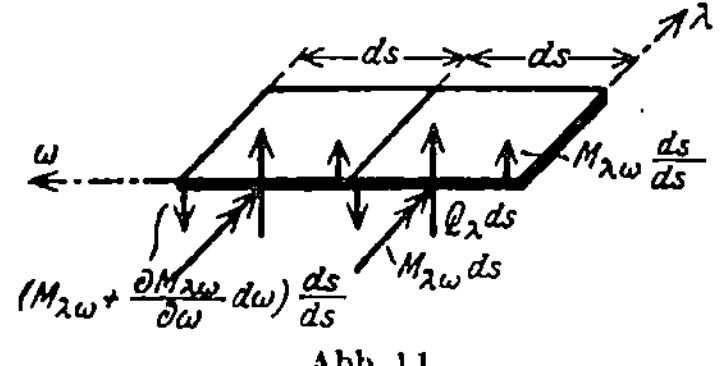

Abb. 11.

Fälle behandelt worden sind, in denen die Platte durch einen λ-Kreis begrenzt ist, soll nur die hierzu gehörende Stützkraft A_λ ermittelt werden.

Man betrachtet dabei zwei in ω-Richtung nebeneinander liegende Plattendifferentiale (Abb. 11). Wenn sich die Platte vom Rand aus in das Gebiet steigender λ-Werte erstreckt, so gilt die Äquivalenzbedingung

$$A_\lambda \, ds = Q_\lambda \, ds + \frac{\partial M_{\lambda\omega}}{\partial \omega} d\omega \, ,$$

oder mit dem Werte des Bogendifferentials nach Gleichung (11):

$$A_\lambda = Q_\lambda + \frac{\mathfrak{Cof}\,\lambda + \cos\omega}{c} \frac{\partial M_{\lambda\omega}}{\partial \omega} \, . \tag{34}$$

Unter der Voraussetzung, daß die Funktion ζ einschließlich ihrer Ableitungen bis zur dritten Ordnung am Plattenrande stetig ist, würde hier keine äußere Kraft angreifen, wenn die Platte hier nicht abgeschnitten und gestützt wäre, sondern sich noch weiter in das Gebiet der fallenden λ erstreckte. Wäre nun gerade dieser in Abb. 11 fehlend gedachte Teil allein vorhanden, so wäre demnach die zugehörige Stützkraft $- A_\lambda$.

e) Das Querkraftintegral.

Unter den Funktionen ζ, die die homogene Plattengleichung

$$\nabla^2 \nabla^2 \zeta = 0$$

befriedigen, gibt es einige, bei denen das längs einer geschlossenen Kurve ausgeführte Integral $\oint Q_s \, ds$ von Null verschieden ist und dann stets denselben Wert hat, solange die Kurve einen bestimmten Punkt der Ebene umschließt, der ein singulärer

---

[1] Föppl, A. u. L.: Drang und Zwang Bd. I, S. 161 ff., 1. Aufl. München und Berlin 1920.

Punkt der Funktion ζ ist. Diese Lösungen gehören zu Platten, bei denen in diesem ausgezeichneten Punkte eine Einzellast angreift. Um derartige Funktionen zu erkennen und die Größe der Einzelkraft zu bestimmen, ist es nötig, dieses Integral auszuwerten, das als Querkraftintegral bezeichnet werden soll.

Als Angriffspunkte für Einzellasten kommen für die hier behandelte Aufgabe nur die beiden Pole des Koordinatennetzes in Betracht. Als Integrationskurve wird man einen beliebigen λ-Kreis verwenden. Das bestimmte Integral ist dann zwischen den Grenzen $\omega = -\pi$ und $\omega = +\pi$ auszuführen und muß sich als von λ unabhängig ergeben. Die Auswertung des Integrals für Lösungen der inhomogenen Gleichung bietet eine Rechenprobe, da es der Last gleich sein muß, die auf der von der Integrationskurve umschlossenen Fläche ruht.

Mit Hilfe der Gleichung (11) ergibt sich dies Integral in der Form

$$\oint Q_\lambda\, ds = c \int_{-\pi}^{+\pi} \frac{Q_\lambda\, d\omega}{\mathfrak{Cof}\,\lambda + \cos\omega} \,. \tag{35}$$

f) Die Momentenintegrale.

Führt man einen Rundschnitt (auch hier wieder entsprechend der Art der Aufgabe stets längs eines λ-Kreises) und stellt das Moment aller Schnittkräfte in bezug auf eine in der Plattenebene liegende Achse auf, so findet man, daß auch diese Größe bei einigen homogenen Lösungen von Null verschieden ist und stets denselben Wert hat, unabhängig vom Radius des gewählten Schnittkreises. Diese Lösungen gehören zu einer Belastung der Platte durch ein Einzelmoment (Punktmoment) M im Netzpol. Um Größe und Drehachse dieses Momentes festzustellen, ist es nötig, das Moment der Schnittkräfte für zwei durch den Pol gehende Achsen aufzustellen. Hierfür werden die x-Achse und die Parallele zur y-Achse gewählt, die durch den Netzpol geht (Abb. 12).

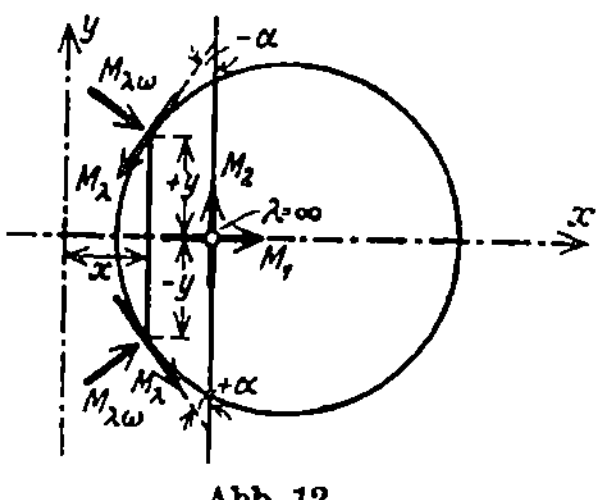

Abb. 12.

Für die Bildung der Momentenintegrale kommen in Frage die Anteile von M_λ, $M_{\lambda\omega}$, Q_λ. In Abb. 12 sind die nötigen Bezeichnungen zusammengestellt. Man erhält damit

$$M_1 = \int\limits_{\omega=-\pi}^{\omega=+\pi} M_\lambda \sin\alpha\, ds + \int\limits_{\omega=-\pi}^{\omega=+\pi} M_{\lambda\omega} \cos\alpha\, ds - \int\limits_{\omega=-\pi}^{\omega=+\pi} Q_\lambda\, y\, ds\,,$$

$$M_2 = -\int\limits_{\omega=-\pi}^{\omega=+\pi} M_\lambda \cos\alpha\, ds + \int\limits_{\omega=-\pi}^{\omega=+\pi} M_{\lambda\omega} \sin\alpha\, ds - \int\limits_{\omega=-\pi}^{\omega=+\pi} Q_\lambda\,(c-x)\, ds\,.$$

Setzt man hier die kartesischen Koordinaten nach (3) und die Winkelfunktionen nach (10), ferner ds nach (11) ein, so erhält man:

$$M_1 = -c\int\limits_{-\pi}^{+\pi} M_\lambda \frac{\mathfrak{Sin}\,\lambda\,\sin\omega}{(\mathfrak{Cof}\,\lambda+\cos\omega)^2}\, d\omega$$

$$+\,c\int\limits_{-\pi}^{+\pi} M_{\lambda\omega} \frac{1+\mathfrak{Cof}\,\lambda\,\cos\omega}{(\mathfrak{Cof}\,\lambda+\cos\omega)^2}\, d\omega$$

$$-\,c^2\int\limits_{-\pi}^{+\pi} Q_\lambda \frac{\sin\omega}{(\mathfrak{Cof}\,\lambda+\cos\omega)^3}\, d\omega\,, \tag{36a}$$

$$M_2 = -c\int\limits_{-\pi}^{+\pi} M_\lambda \frac{1+\mathfrak{Cof}\,\lambda\,\cos\omega}{(\mathfrak{Cof}\,\lambda+\cos\omega)^3}\, d\omega$$

$$-\,c\int\limits_{-\pi}^{+\pi} M_{\lambda\omega} \frac{\mathfrak{Sin}\,\lambda\,\sin\omega}{(\mathfrak{Cof}\,\lambda+\cos\omega)^3}\, d\omega$$

$$-\,c^2\int\limits_{-\pi}^{+\pi} Q_\lambda \frac{\mathfrak{Cof}\,\lambda-\mathfrak{Sin}\,\lambda+\cos\omega}{(\mathfrak{Cof}\,\lambda+\cos\omega)^3}\, d\omega\,. \tag{36b}$$

Damit ist die Berechnung der Schnittkräfte und Lasten zu den einzelnen Lösungsansätzen klargestellt.

IV. Die Partikularlösungen.

Die zur Durchrechnung der Ansätze nötigen Partikularlösungen kann man dadurch gewinnen, daß man bekannte Lösungen in die Kordinaten λ, ω umrechnet. Durch Bildung und Prüfung analoger Ansätze kann man sich dann den Vorrat an Lösungen noch erweitern.

Aus der Theorie der zentralsymmetrischen Kreisplatte sind die Ansätze $\zeta = 1$ und $\zeta = r^2$ als homogene Lösungen bekannt, von denen die erste ohne weiteres verwendbar ist.

Da das Kriterium für die Brauchbarkeit einer Funktion als Lösung der Plattengleichung ihr Verhalten gegenüber der Nabla-operation ist, und da diese Operation unabhängig von der Art und Lage des Koordinatensystems ist, so kann der Punkt, von dem aus r gemessen wird (Ursprung der Polarkoordinaten), ein ganz beliebiger Punkt der Ebene sein.

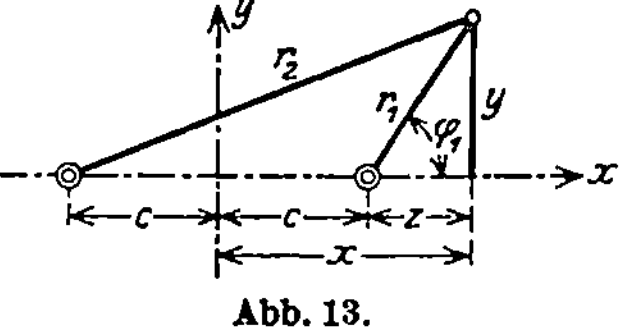

Abb. 13.

Im λ-ω-System sind die beiden Pole hierfür geeignet. Abb. 13 liefert in Verbindung mit den Gleichungen (3):

$$r^2 = (x \mp c)^2 + y^2 = 2\,c^2\,\frac{\mathfrak{Cof}\,\lambda \mp \mathfrak{Sin}\,\lambda}{\mathfrak{Cof}\,\lambda + \cos \omega}. \tag{37}$$

Läßt man die Konstante beiseite, so erhält man als Summe und Differenz von $r_1{}^2$ und $r_2{}^2$ die beiden Elementarlösungen

$$\zeta = \frac{\mathfrak{Cof}\,\lambda}{\mathfrak{Cof}\,\lambda + \cos \omega},$$

$$\zeta = \frac{\mathfrak{Sin}\,\lambda}{\mathfrak{Cof}\,\lambda + \cos \omega}.$$

Zu den drei hiermit gewonnenen Lösungen werden jetzt die für die Anwendung nötigen Werte bestimmt, nämlich

$$\lim_{\lambda \to \infty} \zeta, \quad \frac{\partial \zeta}{\partial \lambda}, \quad \frac{\partial \zeta}{\partial \omega}, \quad M_\lambda, \quad M_\omega, \quad M_{\lambda\omega}, \quad Q_\lambda, \quad Q_\omega, \quad \int_{-\pi}^{+\pi} Q_\lambda\,ds, \quad M_1, \quad M_2.$$

Der Grenzwert von ζ für $\lambda \to \infty$ ist deshalb wesentlich, weil alle die Lösungen, bei denen er ∞ wird, nur für Ringplatten brauchbar sind.

a) $\boxed{\zeta = 1}$.

Hierfür sind alle Ableitungen, Schnittkräfte und Schnittkraft-integrale Null, $\lim_{\lambda \to \infty} \zeta = 1$.

b) $\boxed{\zeta = \mathfrak{Cof}\,\lambda / (\mathfrak{Cof}\,\lambda + \cos \omega)}$

$$\lim \zeta = 1,$$

$$\frac{\partial \zeta}{\partial \lambda} = \frac{\operatorname{Sin}\lambda \cos\omega}{(\operatorname{Cof}\lambda + \cos\omega)^2}\,, \qquad \frac{\partial \zeta}{\partial \omega} = \frac{\operatorname{Cof}\lambda \sin\omega}{(\operatorname{Cof}\lambda + \cos\omega)^2}\,,$$

$$\nabla^2 \zeta = \frac{2}{c^2}\,,$$

$$M_\lambda = M_\omega = -\frac{K(1+\nu)}{c^2}\,, \qquad M_{\lambda\omega} = 0\,, \qquad Q_\lambda = Q_\omega = 0\,,$$

$$\int\limits_{\omega=-\pi}^{\omega=+\pi} Q_\lambda\, ds = 0\,, \qquad M_1 = M_2 = 0\,.$$

Diese Lösung bedeutet eine kugelförmige Deformation der Platte,
wie man aus den Momenten erkennt.

c)
$$\boxed{\zeta = \operatorname{Sin}\lambda\, / \,(\operatorname{Cof}\lambda + \cos\omega)}$$

$$\lim_{\lambda\to\infty} \zeta = 1\,,$$

$$\frac{\partial \zeta}{\partial \lambda} = \frac{1 + \operatorname{Cof}\lambda \cos\omega}{(\operatorname{Cof}\lambda + \cos\omega)^2}\,, \qquad \frac{\partial \zeta}{\partial \omega} = \frac{\operatorname{Sin}\lambda \sin\omega}{(\operatorname{Cof}\lambda + \cos\omega)^2}\,.$$

Alle Schnittkräfte und Schnittintegrale sind Null. Diese Lösung bedeutet also ebenso wie die Lösung a) eine deformationslose
Verschiebung der Platte, und zwar eine Drehung um die y-Achse,
denn man erkennt durch Vergleich mit Gleichung (3), daß die
Lösung bis auf eine Konstante identisch ist mit $\zeta = x$.

Entsprechend ist natürlich auch $\zeta = y$ als Lösnng zu gebrauchen:

d)
$$\boxed{\zeta = \sin\omega\, / \,(\operatorname{Cof}\lambda + \cos\omega)}$$

$$\lim_{\lambda\to\infty} \zeta = 0\,,$$

$$\frac{\partial \zeta}{\partial \lambda} = -\frac{\operatorname{Sin}\lambda \sin\omega}{(\operatorname{Cof}\lambda + \cos\omega)^2}\,, \qquad \frac{\partial \zeta}{\partial \omega} = \frac{1 + \operatorname{Cof}\lambda \cos\omega}{(\operatorname{Cof}\lambda + \cos\omega)^2}\,.$$

Alle Schnittkräfte und deren Integrale sind natürlich auch
hier Null.

Es liegt nahe, in Analogie zu den Ansätzen b), c) und d) auch
die Funktion $\zeta = \cos\omega/(\operatorname{Cof}\lambda + \cos\omega)$ auf ihre Brauchbarkeit
hin zu untersuchen. Sie stellt in der Tat eine Lösung der Platten-
gleichung dar, ist aber als Differenz zwischen den Lösungen a) und b)
nicht unabhängig von den schon vorhandenen.

Man überzeugt sich leicht, daß $r^2(x \pm c)$ und $r^2 y$ (vgl. Abb. 12,
S. 19) ebenfalls Lösungen der homogenen Plattengleichung sind,

und damit natürlich auch $r^2 x$. Durch Einsetzen der Werte nach (3) und (37) findet man:

$$\zeta = \frac{(\mathfrak{Cof}\,\lambda \mp \mathfrak{Sin}\,\lambda)\,\mathfrak{Sin}\,\lambda}{(\mathfrak{Cof}\,\lambda + \cos \omega)^2},$$

$$\zeta = \frac{(\mathfrak{Cof}\,\lambda \mp \mathfrak{Sin}\,\lambda)\,\sin \omega}{(\mathfrak{Cof}\,\lambda + \cos \omega)^2}.$$

Durch Bildung von Summe und Differenz von je zwei zusammengehörenden Lösungen findet man die folgenden Elementarlösungen:

e)
$$\boxed{\zeta = \mathfrak{Cof}\,\lambda\,\mathfrak{Sin}\,\lambda \,/\, (\mathfrak{Cof}\,\lambda + \cos \omega)^2}$$

$$\lim_{\lambda \to \infty} \zeta = 1,$$

$$\frac{\partial \zeta}{\partial \lambda} = \frac{\mathfrak{Cof}\,\lambda\,(1 + \mathfrak{Cof}\,\lambda \cos \omega) + \mathfrak{Sin}^2\,\lambda \cos \omega}{(\mathfrak{Cof}\,\lambda + \cos \omega)^3},$$

$$\frac{\partial \zeta}{\partial \omega} = \frac{2\,\mathfrak{Cof}\,\lambda\,\mathfrak{Sin}\,\lambda \sin \omega}{(\mathfrak{Cof}\,\lambda + \cos \omega)^3}.$$

$$M_\lambda = -\frac{K}{c^3} \frac{\mathfrak{Sin}\,\lambda}{(\mathfrak{Cof}\,\lambda + \cos \omega)^3} \big[(1 + \nu)\,(\mathfrak{Cof}\,\lambda + \cos \omega)$$
$$+ 2\,(1 + \mathfrak{Cof}\,\lambda \cos \omega)\cos \omega + 2\,\nu\,\mathfrak{Cof}\,\lambda \sin^2 \omega\big],$$

$$M_\omega = -\frac{K}{c^3} \frac{\mathfrak{Sin}\,\lambda}{(\mathfrak{Cof}\,\lambda + \cos \omega)^3} \big[(1 + \nu)\,(\mathfrak{Cof}\,\lambda + \cos \omega)$$
$$+ 2\,\mathfrak{Cof}\,\lambda \sin^2 \omega + 2\,\nu\,(1 + \mathfrak{Cof}\,\lambda \cos \omega)\cos \omega\big],$$

$$M_{\lambda\omega} = -\frac{K\,(1 - \nu)}{c^3} \frac{\sin \omega}{(\mathfrak{Cof}\,\lambda + \cos \omega)^3} \big[\mathfrak{Cof}\,\lambda +$$
$$+ (\mathfrak{Cof}^2\,\lambda + \mathfrak{Sin}^2\,\lambda)\cos \omega\big],$$

$$M = -\frac{4\,K\,(1 + \nu)}{c^3} \frac{\mathfrak{Sin}\,\lambda}{\mathfrak{Cof}\,\lambda + \cos \omega},$$

$$Q_\lambda = -\frac{4\,K}{c^3} \frac{1 + \mathfrak{Cof}\,\lambda \cos \omega}{\mathfrak{Cof}\,\lambda + \cos \omega},$$

$$Q_\omega = -\frac{4\,K}{c^3} \frac{\mathfrak{Sin}\,\lambda \sin \omega}{\mathfrak{Cof}\,\lambda + \cos \omega},$$

$$\int_{\omega = -\pi}^{\omega = +\pi} Q_\lambda\,ds = -\frac{4\,K}{c^3} \int_{-\pi}^{+\pi} \frac{1 + \mathfrak{Cof}\,\lambda \cos \omega}{(\mathfrak{Cof}\,\lambda + \cos \omega)^2}\,d\omega = 0.$$

Für die Auswertung solcher Integrale ist bei Lösung g) ein Beispiel gegeben. Hier kann man das Ergebnis auch ohne Rechnung daran erkennen, daß $\lim\limits_{\lambda\to\infty} Q_\lambda$ endlich ist, nämlich $= -4\,K/c^3$. Da nun der Umfang des λ-Kreises mit wachsendem λ nach Null konvergiert, so muß auch

$$\lim_{\lambda\to\infty}\int_{\omega=-\pi}^{\omega=+\pi} Q_\lambda\,ds = 0$$

sein. Da nun dieses Integral wegen seiner mechanischen Bedeutung für Lösungen der homogenen Gleichung von λ unabhängig sein muß, so ist es auch für jeden endlichen Wert von λ Null.

Eine ganz ähnliche Überlegung läßt sich auch für die Momentenintegrale M_1 und M_2 anstellen, da die Grenzwerte der Momente endlich sind, mithin

$$M_1 = M_2 = 0.$$

f)
$$\boxed{\zeta = \mathfrak{Sin}^2\lambda \,/\, (\mathfrak{Cof}\,\lambda + \cos\omega)^2}$$

$$\lim_{\lambda\to\infty}\zeta = 1,$$

$$\frac{\partial\zeta}{\partial\lambda} = \frac{2\,\mathfrak{Sin}\,\lambda\,(1 + \mathfrak{Cof}\,\lambda\cos\omega)}{(\mathfrak{Cof}\,\lambda + \cos\omega)^3},\qquad \frac{\partial\zeta}{\partial\omega} = \frac{2\,\mathfrak{Sin}^2\lambda\sin\omega}{(\mathfrak{Cof}\,\lambda + \cos\omega)^3},$$

$$M_\lambda = -\frac{2\,K}{c^2}\,\frac{(1 + \mathfrak{Cof}\,\lambda\cos\omega)^2 + \nu\,\mathfrak{Sin}^2\lambda\sin^2\omega}{(\mathfrak{Cof}\,\lambda + \cos\omega)^2},$$

$$M_\omega = -\frac{2\,K}{c^2}\,\frac{\mathfrak{Sin}^2\lambda\sin^2\omega + \nu\,(1 + \mathfrak{Cof}\,\lambda\cos\omega)^2}{(\mathfrak{Cof}\,\lambda + \cos\omega)^2},$$

$$M_{\lambda\omega} = -\frac{2\,K\,(1 - \nu)}{c^2}\,\frac{(1 + \mathfrak{Cof}\,\lambda\cos\omega)\,\mathfrak{Sin}\,\lambda\sin\omega}{(\mathfrak{Cof}\,\lambda + \cos\omega)^2},$$

$$M = -\frac{2\,K\,(1 + \nu)}{c^2},$$

$$Q_\lambda = Q_\omega = 0,\qquad \int_{\omega=-\pi}^{\omega=+\pi} Q_\lambda\,ds = 0,\qquad M_1 = M_2 = 0,$$

Begründung wie unter e).

Zur Aufstellung inhomogener Lösungen kommt als Belastung p technisch nur gleichförmig verteilte Belastung in Betracht. Es ergibt sich hier zunächst die Frage, welchen Nutzen es bringt, eine gleichmäßig belastete Platte mit Hilfe des hier gegebenen Verfahrens zu berechnen, da doch eine einfache Lösung in Polarkoordinaten bekannt ist. Die Brauchbarkeit der hier gegebenen Lösung geht aus folgenden Überlegungen hervor:

1. Man kann das hier gewonnene Ergebnis auf Polarkoordinaten umrechnen und erhält damit eine gute Probe auf die Richtigkeit der hier gemachten Rechnungen.

2. Man kann die Lösung für eine Platte, die neben gleichförmig verteilter Last noch eine Einzelkraft (Last oder Stützkraft) trägt, in geschlossener Form angeben und spart sich damit die Mühe der Superposition von Ergebnissen, die in verschiedenen Koordinatensystemen gerechnet sind. Hat man mehrere Einzelkräfte, wie bei der unter V, e berechneten Pilzdecke, so ist diese Verwendung der inhomogenen Lösung nicht mehr möglich.

3. Die homogene Lösung in λ, ω ist notwendig zur Berechnung von Ringplatten, deren Grenzkreise exzentrisch sind.

Zur Bestimmung der gesuchten Partikularlösung geht man von dem Ansatz $\zeta = r^4$ aus, der in der Theorie der zentralsymmetrischen Kreisplatten zum Ziele führt. Wählt man wiederum die beiden Netzpole als Bezugspunkte für r, so erhält man nach Gleichung (37):

$$r^4 = 4\,c^4\,\frac{'(\mathfrak{Cof}\,\lambda \mp \mathfrak{Sin}\,\lambda)^2}{(\mathfrak{Cof}\,\lambda + \cos\omega)^2}$$

$$= 4\,c^4\,\frac{\mathfrak{Cof}^2\lambda \mp 2\,\mathfrak{Cof}\,\lambda\,\mathfrak{Sin}\,\lambda + \mathfrak{Sin}^2\lambda}{(\mathfrak{Cof}\,\lambda + \cos\omega)^2}\,,$$

Man erkennt hierin als Summanden die beiden homogenen Lösungen e) und f) wieder. Der verbleibende Summand liefert unter Fortlassung der Konstanten die gesuchte inhomogene Lösung:

g)
$$\boxed{\zeta = \mathfrak{Cof}^2\,\lambda\,/\,(\mathfrak{Cof}\,\lambda + \cos\omega)^2}$$

$$\lim_{\lambda\to\infty}\zeta = 1\,,$$

$$\frac{\partial\zeta}{\partial\lambda} = \frac{2\,\mathfrak{Cof}\,\lambda\,\mathfrak{Sin}\,\lambda\cos\omega}{(\mathfrak{Cof}\,\lambda + \cos\omega)^3}\,,\qquad \frac{\partial\zeta}{\partial\omega} = \frac{2\,\mathfrak{Cof}^2\,\lambda\sin\omega}{(\mathfrak{Cof}\,\lambda + \cos\omega)^3}\,,$$

$$\frac{\partial^2\zeta}{\partial\lambda^2} = \frac{2\cos\omega}{(\mathfrak{Cof}\,\lambda + \cos\omega)^4}\,(\mathfrak{Cof}\,\lambda - \mathfrak{Cof}\,\lambda\,\mathfrak{Sin}^2\,\lambda + \mathfrak{Cof}^2\,\lambda\cos\omega$$
$$+ \mathfrak{Sin}^2\,\lambda\cos\omega)\,,$$

$$\frac{\partial^2\zeta}{\partial\omega^2} = \frac{2\,\mathfrak{Cof}^2\,\lambda}{(\mathfrak{Cof}\,\lambda + \cos\omega)^4}\,(1 + \mathfrak{Cof}\,\lambda\cos\omega + 2\sin^2\omega)\,,$$

$$V^2\zeta = \frac{2}{c^2(\mathfrak{Cof}\,\lambda + \cos\omega)^3}\,(\mathfrak{Cof}\,\lambda\cos\omega - \mathfrak{Cof}\,\lambda\,\mathfrak{Sin}^2\lambda\cos\omega$$
$$+\,\mathfrak{Cof}^2\lambda\cos^2\omega + \mathfrak{Sin}^2\lambda\cos^2\omega + \mathfrak{Cof}^2\lambda$$
$$+\,\mathfrak{Cof}^3\lambda\cos\omega + 2\,\mathfrak{Cof}^2\lambda\sin^2\omega)\,,$$

$$V^2\zeta = \frac{2}{c^2}\cdot\left[4\,\frac{\mathfrak{Cof}\,\lambda}{\mathfrak{Cof}\,\lambda + \cos\omega} - 1\right].$$

Auf Grund der Angaben über $V^2\zeta$ bei den Lösungen a) und b) ergibt sich dann hier

$$V^2 V^2\zeta = \frac{16}{c^4}$$

und nach (1)

$$p = \frac{16\,K}{c^4}\,.$$

Die Momente und Querkräfte findet man wie bisher aus den Ableitungen:

$$M_\lambda = -\frac{2\,K}{c^2}\left[\frac{(1+\nu)\,\mathfrak{Cof}\,\lambda}{\mathfrak{Cof}\,\lambda + \cos\omega} + \frac{\mathfrak{Sin}^2\lambda\cos^2\omega + \nu\,\mathfrak{Cof}^2\lambda\sin^2\omega}{(\mathfrak{Cof}\,\lambda + \cos\omega)^2}\right],$$

$$M_\omega = -\frac{2\,K}{c^2}\left[\frac{(1+\nu)\,\mathfrak{Cof}\,\lambda}{\mathfrak{Cof}\,\lambda + \cos\omega} + \frac{\mathfrak{Cof}^2\lambda\sin^2\omega + \nu\,\mathfrak{Sin}^2\lambda\cos^2\omega}{(\mathfrak{Cof}\,\lambda + \cos\omega)^2}\right],$$

$$M_{\lambda\omega} = -\frac{2\,K\,(1-\nu)}{c^2}\,\frac{\mathfrak{Cof}\,\lambda\,\mathfrak{Sin}\,\lambda\cos\omega\sin\omega}{(\mathfrak{Cof}\,\lambda + \cos\omega)^2}\,,$$

$$M = -\frac{2\,K\,(1+\nu)}{c^2}\,\frac{3\,\mathfrak{Cof}\,\lambda - \cos\omega}{\mathfrak{Cof}\,\lambda + \cos\omega}\,,$$

$$Q_\lambda = -\frac{8\,K}{c^3}\,\frac{\mathfrak{Sin}\,\lambda\cos\omega}{\mathfrak{Cof}\,\lambda + \cos\omega}\,,$$

$$Q_\omega = -\frac{8\,K}{c^3}\,\frac{\mathfrak{Cof}\,\lambda\sin\omega}{\mathfrak{Cof}\,\lambda + \cos\omega}\,.$$

Die Auswertung des Querkraftintegrals soll hier ausführlich gezeigt werden. Nach (35) ergibt sich:

$$\int_{\omega=-\pi}^{\omega=+\pi} Q_\lambda\,ds = -\frac{8\,K}{c^2}\,\mathfrak{Sin}\,\lambda\int_{-\pi}^{+\pi}\frac{\cos\omega\,d\omega}{(\mathfrak{Cof}\,\lambda + \cos\omega)^2} = -\frac{8\,K}{c^2}\,\mathfrak{Sin}\,\lambda\cdot I$$

mit

$$I = \int_{-\pi}^{+\pi}\frac{\cos\omega\,d\omega}{(\mathfrak{Cof}\,\lambda + \cos\omega)^2}\,.$$

Dies Integral wird zunächst durch eine Substitution rationalisiert und dann durch Teilbruchzerlegung in eine Anzahl einfacher Integrale gespalten.

Die Transformation lautet:

$$\tan \frac{\omega}{2} = u,$$

$$\omega = 2 \arctan u,$$

$$\cos \omega = \frac{1 - u^2}{1 + u^2},$$

$$d\omega = \frac{2\,du}{1 + u^2}.$$

Transformation der Grenzen:

$$\text{für } \omega = -\pi \text{ ist } u = -\infty,$$

$$\text{für } \omega = +\pi \text{ ist } u = +\infty.$$

Wenn ω von $-\pi$ nach $+\pi$ läuft, läuft u einmal und stetig von $-\infty$ nach $+\infty$.

Führt man die Transformation aus, so erhält man

$$I = 2 \int_{-\infty}^{+\infty} \frac{(1 - u^2)\,du}{[(1 + \mathfrak{Cof}\,\lambda) - (1 - \mathfrak{Cof}\,\lambda)\,u^2]^2}.$$

Führt man nun zur Abkürzung die Hilfsgröße

$$a = \sqrt{\frac{1 + \mathfrak{Cof}\,\lambda}{1 - \mathfrak{Cof}\,\lambda}} = i \cdot \frac{\mathfrak{Sin}\,\lambda}{\mathfrak{Cof}\,\lambda - 1}$$

ein, so nimmt I die folgende Form an:

$$I = \frac{2}{(\mathfrak{Cof}\,\lambda - 1)^2} \int_{-\infty}^{+\infty} \frac{(1 - u^2)\,du}{(a + u)^2\,(a - u)^2} = \frac{2}{(\mathfrak{Cof}\,\lambda - 1)^2} \cdot J\,\Big|_{-\infty}^{+\infty}$$

mit

$$J = \int \frac{(1 - u^2)\,du}{(a + u)^2\,(a - u)^2}.$$

Dreimalige Teilbruchzerlegung liefert

$$J = -\frac{1}{4\,a^2} \int \frac{(u^2 - 1)\,du}{(u - a)^2} - \frac{1}{4\,a^2} \int \frac{(u^2 - 1)\,du}{(u + a)^2}$$

$$+ \frac{1}{4\,a^3} \int \frac{(u^2 - 1)\,du}{u - a} - \frac{1}{4\,a^3} \int \frac{(u^2 - 1)\,du}{u + a}.$$

Da die Teilbruchzerlegung nur den Grad der Nenner vermindert, sind die Integranden nach der Zerlegung keine echten Brüche mehr. Wenn man sie ausdividiert, so findet man:

$$J = -\frac{1}{4\,a^2}\int du - \frac{1}{2\,a}\int\frac{du}{u-a} - \frac{a^2-1}{4\,a^2}\int\frac{du}{(u-a)^2}$$

$$-\frac{1}{4\,a^2}\int du + \frac{1}{2\,a}\int\frac{du}{u+a} - \frac{a^2-1}{4\,a^2}\int\frac{du}{(u+a)^2}$$

$$+\frac{1}{4\,a^3}\int u\,du + \frac{1}{4\,a^2}\int du + \frac{a^2-1}{4\,a^3}\int\frac{du}{u-a}$$

$$-\frac{1}{4\,a^3}\int u\,du + \frac{1}{4\,a^2}\int du - \frac{a^2-1}{4\,a^3}\int\frac{du}{u+a},$$

$$J = \frac{1+a^2}{4\,a^3}\left(\int\frac{du}{u+a} - \int\frac{du}{u-a}\right) + \frac{1-a^2}{4\,a^2}\left(\int\frac{du}{(u+a)^2} + \int\frac{du}{(u-a)^2}\right).$$

Führt man die Integration zwischen den Grenzen $+\infty$ und $-\infty$ aus, so ist die zweite Klammer dieses Ausdrucks Null:

$$\int\limits_{-\infty}^{+\infty}\frac{du}{(u+a)^2} + \int\limits_{-\infty}^{+\infty}\frac{du}{(u-a)^2} = -\left[\frac{1}{u+a} + \frac{1}{u-a}\right]_{-\infty}^{+\infty} = 0.$$

Man erhält somit für $J_{-\infty}^{+\infty}$ folgende Lösung:

$$\int\limits_{-\infty}^{+\infty}\frac{du}{u+a} - \int\limits_{-\infty}^{+\infty}\frac{du}{u-a} = \Big[\log(u+a) - \log(u-a)\Big]_{-\infty}^{+\infty}.$$

Die Argumente dieser beiden Logarithmen sind komplexe Zahlen, wobei u der Realteil und $a = i\cdot v$ der Imaginärteil ist. Da nun

$$\log(u+iv) = \log r + i\varphi = \log\sqrt{u^2+v^2} + i\,\text{arc tan}\,v/u$$

ist (vgl. Abb. 14), so ist der Realteil des bestimmten Integrals Null, denn die Realteile von $\log(u+a)$ und $\log(u-a)$ sind für jeden reellen Wert von u einander gleich, nämlich gleich

$$\log\sqrt{u^2+v^2}.$$

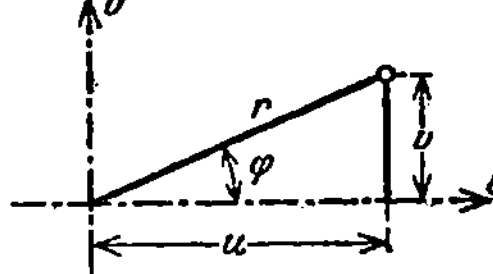

Abb. 14.

Die imaginären Teile liefern:

$$\int\limits_{-\infty}^{+\infty}\frac{du}{u+a} - \int\limits_{-\infty}^{+\infty}\frac{du}{u-a} = \left[i\,\text{arc tan}\,\frac{v}{u} - i\,\text{arc tan}\,\frac{-v}{u}\right]_{-\infty}^{+\infty}$$

$$= 2i\left[\text{arc tan}\,\frac{v}{u}\right]_{-\infty}^{+\infty} = -2\pi i.$$

Indem man nun rückwärts einsetzt, findet man der Reihe nach die folgenden Größen:

$$J^{+\infty}_{-\infty} = -\frac{1+a^2}{4a^3} \cdot 2\pi i = -\pi \frac{(\mathfrak{Cof}\,\lambda - 1)^2}{\mathfrak{Sin}^3\lambda},$$

$$I = -\frac{2\pi}{\mathfrak{Sin}^3\lambda},$$

$$\int_{\omega=-\pi}^{\omega=+\pi} Q_\lambda\, ds = \frac{16K\pi}{c^3\,\mathfrak{Sin}^2\lambda}.$$

Zur Probe soll die Last berechnet werden, die auf der von einem λ-Kreis umschlossenen Fläche ruht. Nach (7a) ist die Fläche des λ-Kreises

$$\pi r_\lambda^2 = \frac{\pi c^2}{\mathfrak{Sin}^2\lambda}.$$

Multipliziert man diesen Wert mit $p = \dfrac{16K}{c^4}$, so erhält man

$$\int_{\omega=-\pi}^{\omega=+\pi} Q_\lambda\, ds = \frac{16K}{c^4} \cdot \frac{\pi c^2}{\mathfrak{Sin}^2\lambda} = \frac{16K\pi}{c^3\,\mathfrak{Sin}^2\lambda},$$

was mit dem oben berechneten Wert übereinstimmt.

Auf die Ermittlung der Momentenintegrale M_1 und M_2 kann hier verzichtet werden, da eine weitere Rechenprobe nicht gebraucht wird und aus den Grenzwerten der Momente und Querkräfte sofort erkannt werden kann, daß ein Punktmoment nicht vorhanden ist.

Die Lösungen für Einzelkräfte und Einzelmomente sind durch die in Abschnitt III, e und f angegebenen Singularitäten gekennzeichnet. Beide kommen oft zusammen vor. Daraus ergibt sich die Notwendigkeit, diese Lösungen gemeinsam zu behandeln. Für Kreisringplatten kommen außer den schon behandelten homogenen und inhomogenen Lösungen zunächst solche in Betracht, für die $\lim\limits_{\lambda \to \infty} \zeta = \infty$ ist, und die deshalb für die Berechnung geschlossener Platten, die den Punkt $\lambda = \infty$ enthalten, nicht brauchbar sind. Ferner sind aber auch die Lösungen mit Punktlast und Punktmoment hier verwendbar, weil die Ringplatte den singulären Punkt nicht enthält.

Für zentralsymmetrische Kreisplatten wird die Lösung $\zeta = \log r$ verwendet. Nach (37) ist mit $k = c\,\sqrt{2}$

$$r_{\frac{1}{2}} = k\,\sqrt{\frac{\mathfrak{Cof}\,\lambda \mp \mathfrak{Sin}\,\lambda}{\mathfrak{Cof}\,\lambda + \cos\omega}},$$

$$2 \log r_{\frac{1}{2}} = \log k + \log e^{\mp\lambda} - \log\,(\mathfrak{Cof}\,\lambda + \cos\omega)$$

$$= \log k \mp \lambda - \log\,(\mathfrak{Cof}\,\lambda + \cos\omega)\,. \tag{38}$$

Man erhält also als neue Lösungen

$$\zeta_{\frac{1}{2}} = \lambda \pm \log\,(\mathfrak{Cof}\,\lambda + \cos\omega).$$

Für $r = 0$ wird $\log r = -\infty$. Dementsprechend wird hier für $\lambda = +\infty$ $\zeta_1 = +\infty$, für $\lambda = -\infty$ $\zeta_2 = -\infty$. Im anderen Netzpol haben die Lösungen jeweils einen endlichen Wert.

Es sollen nun die Ableitungen und Schnittkräfte zu diesen Lösungen festgestellt werden.

h)
$$\boxed{\zeta = \lambda - \log\,(\mathfrak{Cof}\,\lambda + \cos\omega)}$$

$$\lim_{\lambda\to\infty} \zeta = \lim_{\lambda\to\infty} (\log e^\lambda - \log \mathfrak{Cof}\,\lambda) = \lim_{\lambda\to\infty} \log \frac{e^\lambda}{e^\lambda/2}$$

$$= \log 2 = 0{,}69315\,,$$

$$\frac{\partial\zeta}{\partial\lambda} = 1 - \frac{\mathfrak{Sin}\,\lambda}{\mathfrak{Cof}\,\lambda + \cos\omega}\,, \qquad \frac{\partial\zeta}{\partial\omega} = \frac{\sin\omega}{\mathfrak{Cof}\,\lambda + \cos\omega}\,,$$

$$M_\lambda = -\frac{K(1-\nu)}{c^2}\,[(\mathfrak{Sin}\,\lambda - \cos\omega)\,e^{-\lambda} - \cos^2\omega]\,,$$

$$M_\omega = +\frac{K(1-\nu)}{c^2}\,[(\mathfrak{Sin}\,\lambda - \cos\omega)\,e^{-\lambda} - \cos^2\omega]\,,$$

$$M_{\lambda\omega} = +\frac{K(1-\nu)}{c^2}\,\sin\omega\,[e^{-\lambda} + \cos\omega]\,,$$

$$M = 0\,,$$

$$Q_\lambda = Q_\omega = 0\,, \qquad \int\limits_{\omega=-\pi}^{\omega=+\pi} Q_\lambda\,ds = 0\,.$$

Die Momentenintegrale werden nach den Gleichungen (36) angesetzt:

$$\frac{c}{K(1-\nu)}\, M_1 = e^{-\lambda}\, \mathfrak{Sin}^2\, \lambda \int\limits_{-\pi}^{+\pi} \frac{\sin\omega\, d\omega}{(\mathfrak{Cof}\,\lambda + \cos\omega)^2}$$

$$- e^{-\lambda}\, \mathfrak{Sin}\, \lambda \int\limits_{-\pi}^{+\pi} \frac{\cos\omega\, \sin\omega\, d\omega}{(\mathfrak{Cof}\,\lambda + \cos\omega)^3}$$

$$- \mathfrak{Sin}\, \lambda \int\limits_{-\pi}^{+\pi} \frac{\cos^2\omega\, \sin\omega\, d\omega}{(\mathfrak{Cof}\,\lambda + \cos\omega)^2}$$

$$+ e^{-\lambda} \int\limits_{-\pi}^{+\pi} \frac{(1 + \mathfrak{Cof}\,\lambda \cos\omega)\, \sin\omega\, d\omega}{(\mathfrak{Cof}\,\lambda + \cos\omega)^3}$$

$$+ \int\limits_{-\pi}^{+\pi} \frac{(1 + \mathfrak{Cof}\,\lambda \cos\omega)\, \cos\omega\, \sin\omega\, d\omega}{(\mathfrak{Cof}\,\lambda + \cos\omega)^3}\; .$$

Die in diesem Ansatz vorkommenden Integrale enthalten alle die erste Potenz von $\sin\omega$. Man kann sie alle in der Form

$$\int\limits_{\omega=-\pi}^{\omega=+\pi} f(\cos\omega)\cdot d\cos\omega = \big[F(\cos\omega)\big]_{\omega=-\pi}^{\omega=+\pi}$$

nach $\cos\omega$ integrieren und erhält für das bestimmte Integral stets Null, da $\cos\omega$ an beiden Grenzen denselben Wert hat. Daher ist

$$M_1 = 0$$

$$\frac{c}{K(1-\nu)}\, M_2 = e^{-\lambda}\, \mathfrak{Sin}\, \lambda \int\limits_{-\pi}^{+\pi} \frac{(1 + \mathfrak{Cof}\,\lambda \cos\omega)\, d\omega}{(\mathfrak{Cof}\,\lambda + \cos\omega)^2}$$

$$- e^{-\lambda} \int\limits_{-\pi}^{+\pi} \frac{(1 + \mathfrak{Cof}\,\lambda \cos\omega)\, \cos\omega\, d\omega}{(\mathfrak{Cof}\,\lambda + \cos\omega)^2}$$

$$- \int\limits_{-\pi}^{+\pi} \frac{(1 + \mathfrak{Cof}\,\lambda \cos\omega)\, \cos^2\omega\, d\omega}{(\mathfrak{Cof}\,\lambda + \cos\omega)^2}$$

$$- e^{-\lambda}\, \mathfrak{Sin}\, \lambda \int\limits_{-\pi}^{+\pi} \frac{\sin^2\omega\, d\omega}{(\mathfrak{Cof}\,\lambda + \cos\omega)^2}$$

$$- \mathfrak{Sin}\, \lambda \int\limits_{-\pi}^{+\pi} \frac{\cos\omega\, \sin^2\omega\, d\omega}{(\mathfrak{Cof}\,\lambda + \cos\omega)^2}\; ,$$

$$\frac{c}{2\pi K(1-\nu)}\,M_2 = -e^{-2\lambda} + e^{-2\lambda} - e^{-\lambda}\,\mathfrak{Sin}\,\lambda\,\frac{e^{-\lambda}}{\mathfrak{Sin}\,\lambda}$$
$$-\mathfrak{Sin}\,\lambda\left(2\,\mathfrak{Cof}\,\lambda - \mathfrak{Sin}\,\lambda - \frac{\mathfrak{Cof}^2\lambda}{\mathfrak{Sin}\,\lambda}\right),$$

$$M_2 = 0.$$

i)
$$\boxed{\zeta = \lambda + \log(\mathfrak{Cof}\,\lambda + \cos\omega)}$$

$$\lim_{\lambda\to\infty}\zeta = \infty,$$

$$\frac{\partial\zeta}{\partial\lambda} = 1 + \frac{\mathfrak{Sin}\,\lambda}{\mathfrak{Cof}\,\lambda + \cos\omega}, \qquad \frac{\partial\zeta}{\partial\omega} = -\frac{\sin\omega}{\mathfrak{Cof}\,\lambda + \cos\omega},$$

$$M_\lambda = -\frac{K(1-\nu)}{c^2}\left[(\mathfrak{Sin}\,\lambda + \cos\omega)\,e^\lambda + \cos^2\omega\right],$$

$$M_\omega = +\frac{K(1-\nu)}{c^2}\left[(\mathfrak{Sin}\,\lambda + \cos\omega)\,e^\lambda + \cos^2\omega\right],$$

$$M_{\lambda\omega} = +\frac{K(1-\nu)}{c^2}\,\sin\omega\,\left[e^\lambda + \cos\omega\right],$$

$$M = 0, \qquad Q_\lambda = Q_\omega = 0.$$

Da die Lösung im Pol ∞ wird, ist die Angabe von Querkraft- und Momentenintegralen unnötig.

Für Kreisplatten mit Einzellast kennt man die zentralsymmetrische Lösung $\zeta = r^2\log r$. Man erhält daraus sofort die beiden Lösungen (Abb. 15):

$$\zeta_{\frac{1}{2}} = r_{\frac{1}{2}}^2\log r_{\frac{1}{2}}\,.$$

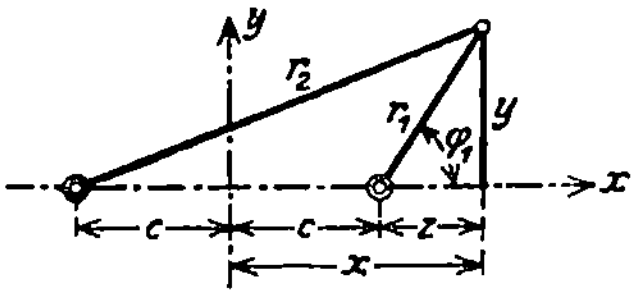

Es läßt sich zeigen, daß auch die gemischten Produkte

$$\zeta_3 = r_2^2\log r_1$$

Abb. 15.

die Plattengleichung befriedigen. Der Beweis für ζ_3 wird nach Abb. 15 gefunden:

$$r_1^2 = z^2 + y^2\,,$$
$$r_2^2 = (z + 2c)^2 + y^2 = r_1^2 + 4cz + 4c^2\,,$$
$$r_2^2\log r_1 = r_1^2\log r_1 + 4c\cdot r_1\cos\varphi_1\log r_1 + 4c^2\cdot\log r_1\,.$$

Der erste und dritte Summand sind als Lösungen der Plattengleichung bekannt. Für den wesentlichen Teil des zweiten Summanden findet man[1]

$$\zeta'' = r_1 \cos \varphi_1 \log r_1,$$

$$\frac{\partial \zeta''}{\partial r_1} = (1 + \log r_1) \cos \varphi_1, \qquad \frac{\partial^2 \zeta''}{\partial r_1^2} = \frac{1}{r_1} \cos \varphi_1,$$

$$\frac{\partial^2 \zeta''}{\partial \varphi_1^2} = - r_1 \cos \varphi_1 \log r_1$$

$$\nabla^2 \zeta'' = \frac{\cos \varphi_1}{r_1} (1 + \log r_1 + 1 - \log r_1) = 2 \frac{\cos \varphi_1}{r_1},$$

$$\nabla^2 \nabla^2 \zeta'' = 2 \cos \varphi_1 \left(- \frac{1}{r_1^3} + \frac{2}{r_1^3} - \frac{1}{r_1^3}\right) = 0.$$

Es sind alle Summanden von $\zeta_3 = r_2^2 \log r_1$ Lösungen der Plattengleichung, mithin auch dieser Ansatz selbst. Für ζ_4 gestaltet sich der Beweis ganz entsprechend.

Führt man nach (37) und (38) r^2 und $\log r$ in die krummlinigen Koordinaten λ, ω über, so erhält man:

$$\zeta_{\genfrac{}{}{0pt}{}{1}{2}} = \frac{e^{\mp \lambda}}{\mathfrak{Cof}\, \lambda + \cos \omega} \left(\log k \mp \lambda - \log \left(\mathfrak{Cof}\, \lambda + \cos \omega\right)\right),$$

$$\zeta_{\genfrac{}{}{0pt}{}{3}{4}} = \frac{e^{\pm \lambda}}{\mathfrak{Cof}\, \lambda + \cos \omega} \left(\log k \mp \lambda - \log \left(\mathfrak{Cof}\, \lambda + \cos \omega\right)\right).$$

Der konstante Faktor $\log k$ in den Klammern kann unberücksichtigt bleiben, da der vor den Klammern stehende Ausdruck schon selbst eine Partikularlösung ist (Lösungen b und c, S. 21 f.). Durch Addition und Subtraktion findet man aus $\zeta_1 \ldots \zeta_4$ die vier Elementarlösungen

$$\zeta = \lambda \frac{e^{-\lambda}}{\mathfrak{Cof}\, \lambda + \cos \omega},$$

$$\zeta = \lambda \frac{e^{+\lambda}}{\mathfrak{Cof}\, \lambda + \cos \omega},$$

$$\zeta = \frac{e^{-\lambda}}{\mathfrak{Cof}\, \lambda + \cos \omega} \log \left(\mathfrak{Cof}\, \lambda + \cos \omega\right),$$

$$\zeta = \frac{e^{+\lambda}}{\mathfrak{Cof}\, \lambda + \cos \omega} \log \left(\mathfrak{Cof}\, \lambda + \cos \omega\right).$$

---

[1] Der Nablaoperator lautet in Polarkoordinaten:

$$\nabla^2 \zeta = \frac{1}{r} \frac{\partial \zeta}{\partial r} + \frac{\partial^2 \zeta}{\partial r^2} + \frac{1}{r^2} \frac{\partial^2 \zeta}{\partial \varphi^2}.$$

Herleitung bei A. u. L. Föppl: Drang und Zwang Bd. I, S. 173 ff. 1. Aufl.,

Zu den beiden ersten dieser Lösungen sollen hier die wesentlichen abgeleiteten Funktionen angegeben werden:

k)
$$\boxed{\zeta = \lambda \cdot e^{-\lambda} / (\mathfrak{Cof}\,\lambda + \cos \omega)}$$

$$\lim_{\lambda \to \infty} \zeta = 0\,,$$

$$\frac{\partial \zeta}{\partial \lambda} = \frac{e^{\lambda}}{\mathfrak{Cof}\,\lambda + \cos \omega} - \lambda\,\frac{1 + e^{-\lambda}\cos \omega}{(\mathfrak{Cof}\,\lambda + \cos \omega)^2}\,,$$

$$\frac{\partial \zeta}{\partial \omega} = \lambda\,\frac{e^{-\lambda}\sin \omega}{(\mathfrak{Cof}\,\lambda + \cos \omega)^2}\,,$$

$$M_{\lambda} = -\frac{K}{c^2}\big[(\lambda-2) + e^{-\lambda}(\mathfrak{Sin}\,\lambda - 2\cos \omega) + \nu(\lambda - e^{-\lambda}\,\mathfrak{Sin}\,\lambda)\big],$$

$$M_{\omega} = -\frac{K}{c^2}\big[\lambda - e^{-\lambda}\,\mathfrak{Sin}\,\lambda + \nu((\lambda-2) + e^{-\lambda}(\mathfrak{Sin}\,\lambda - 2\cos\omega))\big],$$

$$M_{\lambda\omega} = 0\,,$$

$$M = -\frac{2\,K(1+\nu)}{c^2}\big[(\lambda-1) - e^{-\lambda}\cos \omega\big]\,,$$

$$Q_{\lambda} = -\frac{2\,K}{c^2}\,(\mathfrak{Cof}\,\lambda + \cos \omega)\,(1 + e^{-\lambda}\cos \omega)\,,$$

$$Q_{\omega} = -\frac{2\,K}{c^2}\,(\mathfrak{Cof}\,\lambda + \cos \omega)\,e^{-\lambda}\sin \omega\,,$$

$$\int_{\omega=-\pi}^{\omega=+\pi} Q_{\lambda}\,ds = -\frac{4\,\pi\,K}{c^2}\,,$$

$$M_1 = M_2 = 0\,.$$

l)
$$\boxed{\zeta = \lambda \cdot e^{\lambda} / (\mathfrak{Cof}\,\lambda + \cos \omega)}$$

$$\lim_{\lambda \to \infty} \zeta = \infty\,,$$

$$\frac{\partial \zeta}{\partial \lambda} = \frac{e^{\lambda}}{\mathfrak{Cof}\,\lambda + \cos \omega} + \lambda\,\frac{1 + e^{\lambda}\cos \omega}{(\mathfrak{Cof}\,\lambda + \cos \omega)^2}\,,$$

$$\frac{\partial \zeta}{\partial \omega} = \lambda\,\frac{e^{\lambda}\sin \omega}{(\mathfrak{Cof}\,\lambda + \cos \omega)^2}\,,$$

$$M_{\lambda} = -\frac{K}{c^2}\big[(\lambda+2) + e^{\lambda}(\mathfrak{Sin}\,\lambda + 2\cos \omega) + \nu(\lambda - e^{\lambda}\,\mathfrak{Sin}\,\lambda)\big],$$

$$M_{\omega} = -\frac{K}{c^2}\big[\lambda - e^{\lambda}\,\mathfrak{Sin}\,\lambda + \nu((\lambda+2) + e^{\lambda}(\mathfrak{Sin}\,\lambda + 2\cos\omega))\big],$$

$$M_{\lambda\omega} = 0\,,$$

$$M = -\frac{2\,K(1+\nu)}{c^2}\big[(\lambda+1) + e^{\lambda}\cos \omega\big]\,,$$

$$Q_{\lambda} = -\frac{2\,K}{c^2}\,(\mathfrak{Cof}\,\lambda + \cos \omega)\,(1 + e^{\lambda}\cos \omega)\,,$$

$$Q_{\omega} = +\frac{2\,K}{c^2}\,(\mathfrak{Cof}\,\lambda + \cos \omega)\,e^{\lambda}\sin \omega\,,$$

Auf die Auswertung von Querkraft- und Momentenintegralen wird verzichtet, weil die Lösung nur für Ringplatten brauchbar ist.

Aus den Lösungen h) bis l) läßt sich noch eine Lösung mit endlichem Grenzwert kombinieren:

$$\zeta_m = \frac{1}{2}\,(\zeta_h + \zeta_i - \zeta_k - \zeta_l)\,.$$

Da sie von diesen abhängig ist, ist es zwecklos, sie anzuwenden, wenn nicht mindestens eine von ihnen im Ansatz fehlt. Da sie jedoch für geschlossene Platten anwendbar ist, wo zwei dieser Lösungen (k und l) versagen, ist es von Nutzen, sie hier besonders aufzuführen:

m)

$$\boxed{\zeta = \lambda \cos\omega\,/\,(\operatorname{\mathfrak{Cof}}\lambda + \cos\omega)}$$

$$\lim_{\lambda \to \infty} \zeta = 0\,,$$

$$\frac{\partial \zeta}{\partial \lambda} = \frac{\cos\omega}{\operatorname{\mathfrak{Cof}}\lambda + \cos\omega} - \frac{\lambda\,\operatorname{\mathfrak{Sin}}\lambda\cos\omega}{(\operatorname{\mathfrak{Cof}}\lambda + \cos\omega)^2}\,,$$

$$\frac{\partial \zeta}{\partial \omega} = -\frac{\lambda\,\operatorname{\mathfrak{Cof}}\lambda\sin\omega}{(\operatorname{\mathfrak{Cof}}\lambda + \cos\omega)^2}\,,$$

$$M_\lambda = M_\omega = \frac{K\,(1+\nu)}{c^2}\,(\lambda + \operatorname{\mathfrak{Sin}}\lambda\cos\omega)\,,$$

$$M_{\lambda\omega} = \frac{K\,(1-\nu)}{c^2}\,(\operatorname{\mathfrak{Cof}}\lambda + \cos\omega)\sin\omega\,,$$

$$M = \frac{2\,K\,(1+\nu)}{c^2}\,(\lambda + \operatorname{\mathfrak{Sin}}\lambda\cos\omega)\,,$$

$$Q_\lambda = \frac{2\,K}{c^3}\,(\operatorname{\mathfrak{Cof}}\lambda + \cos\omega)\,(1 + \operatorname{\mathfrak{Cof}}\lambda\cos\omega)\,,$$

$$Q_\omega = -\frac{2\,K}{c^3}\,(\operatorname{\mathfrak{Cof}}\lambda + \cos\omega)\,\operatorname{\mathfrak{Sin}}\lambda\sin\omega\,,$$

$$\int_{\omega=-\pi}^{\omega=+\pi} Q_\lambda\,ds = \frac{4\,\pi K}{c^2}\,.$$

$$M_1 = 0\,,\qquad M_2 = -\frac{4\,\pi K}{c}\,.$$

Die Vermutung liegt nahe, daß der ähnlich gebaute Ansatz

$$\zeta = \frac{\lambda\sin\omega}{\operatorname{\mathfrak{Cof}}\lambda + \cos\omega}$$

ebenfalls eine Lösung der Plattengleichung ist. Beim Nachrechnen findet man diese Vermutung bestätigt. Die Lösung ist hier mit aufgeführt als ein Beispiel, bei dem M_1 von Null verschieden ist:

n)
$$\boxed{\zeta = \lambda \sin \omega / (\mathfrak{Cof}\, \lambda + \cos \omega)}$$

$$\lim_{\lambda \to \infty} \zeta = 0 \,,$$

$$\frac{\partial \zeta}{\partial \lambda} = \frac{\sin \omega}{\mathfrak{Cof}\, \lambda + \cos \omega} - \frac{\lambda \,\mathfrak{Sin}\, \lambda \sin \omega}{(\mathfrak{Cof}\, \lambda + \cos \omega)^2} \,,$$

$$\frac{\partial \zeta}{\partial \omega} = \frac{\lambda (1 + \mathfrak{Cof}\, \lambda \cos \omega)}{(\mathfrak{Cof}\, \lambda + \cos \omega)^2} \,,$$

$$M_\lambda = M_\omega = \frac{K(1+\nu)}{c^2} \,\mathfrak{Sin}\, \lambda \sin \omega \,,$$

$$M_{\lambda\omega} = -\frac{K(1-\nu)}{c^2} (1 + \mathfrak{Cof}\, \lambda \cos \omega - \sin^2 \omega) \,,$$

$$M = \frac{2K(1+\nu)}{c^2} \,\mathfrak{Sin}\, \lambda \sin \omega \,,$$

$$Q_\lambda = \frac{2K}{c^3} (\mathfrak{Cof}\, \lambda + \cos \omega) \,\mathfrak{Cof}\, \lambda \sin \omega \,,$$

$$Q_\omega = \frac{2K}{c^3} (\mathfrak{Cof}\, \lambda + \cos \omega) \,\mathfrak{Sin}\, \lambda \cos \omega \,,$$

$$\int_{\omega = -\pi}^{\omega = +\pi} Q_\lambda \, ds = 0 \,,$$

$$M_1 = -\frac{4\pi K}{c} \,, \quad M_2 = 0 \,.$$

V. Die Einführung der Rand-, Übergangs- und Belastungs-Bedingungen.

a) Die Art der Bedingungen.

Die Anwendung der Partikularlösungen zur Berechnung konkreter Fälle erfordert die Zusammensetzung einer Lösung

$$\zeta = \sum_n C_n \cdot \zeta_n \,,$$

wobei C_n die Integrationskonstanten, ζ_n die Partikularlösungen sind. Zur Bestimmung der C_n dienen die besonderen Bedingungen der Aufgabe, die als Gleichungen formuliert werden müssen. Man unterscheidet drei Arten solcher Bedingungen:

1. Die Randbedingungen. Das sind die Lagerbedingungen an den Plattenrändern. Eine geschlossene Platte besitzt deren 2, eine Ringplatte 4.

2. Übergangsbedingungen. Sie kommen nur für Platten in Betracht, bei denen die Lösung wegen Unstetigkeiten in der Belastung in zwei Zonen getrennt angesetzt werden muß. Für jede Grenzkurve zwischen zwei Zonen sind vier Übergangsbedingungen aufzustellen.

3. Belastungsbedingungen. Sie drücken aus, daß die sich aus den Partikularlösungen ergebende Last (verteilte Last, Einzelkraft, Einzelmoment) einen vorgeschriebenen Wert hat. Sie treten meist nicht in Erscheinung, da dann, wenn nur eine einzige inhomogene Lösung in den Ansatz eingeht, deren Koeffizient von vornherein nach der Belastung bestimmt werden kann. Wenn mehrere inhomogene Lösungen in den Ansatz eingehen (oder die ebenso zu bewertenden Lösungen für Punktlasten und Punktmomente), so macht es sich nötig, besondere Belastungsbedingungen zu formulieren.

Der weitere Verlauf der Rechnung soll an der eingespannten Platte mit Einzellast gezeigt werden.

b) Die eingespannte Platte mit exzentrischer Einzellast.

Der Lösung wird folgender Ansatz zugrunde gelegt:

$$\zeta = C_1 + C_2 \frac{\mathfrak{Cof}\,\lambda}{\mathfrak{Cof}\,\lambda + \cos\omega} + C_3 \frac{\mathfrak{Sin}\,\lambda}{\mathfrak{Cof}\,\lambda + \cos\omega} + C_4 \frac{\lambda e^{-\lambda}}{\mathfrak{Cof}\,\lambda + \cos\omega}. \quad (39)$$

Die Begründung für die Auswahl dieser vier Lösungen ist einzig und allein der damit erreichte Erfolg. Geht man zum ersten Male an eine Aufgabe heran, so wird der Ansatz wesentlich umfangreicher sein. Gewisse ungefähre Anhaltspunkte über die Brauchbarkeit einer Teillösung lassen sich natürlich ergeben. So sind im vorliegenden Falle alle die Lösungen unbrauchbar, die im Netzpol ∞ werden. Auch die Lösungen, die zu Punktmomenten führen, wird man zunächst fortzulassen versuchen, obgleich es natürlich möglich ist, aus diesen Lösungen Kombinationen zu bilden, die die Belastungsbedingungen $M_1 = 0$ und $M_2 = 0$ erfüllen.

Die Bedingungen, aus denen hier die C zu ermitteln sind, sind die Randbedingungen der vertikalen Stützung und der Einspannung und die Belastungsbedingung, daß das Querkraftintegral den Wert $\boldsymbol{P}$ liefern muß:

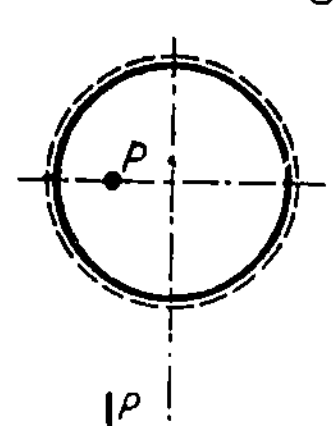

Abb. 16.

$$\text{a)} \quad \lambda = \lambda_0: \;\; \zeta = 0 \,,$$

$$\text{b)} \quad \lambda = \lambda_0: \;\; \frac{\partial \zeta}{\partial \lambda} = 0 \,,$$

$$\text{c)} \quad \int\limits_{\omega = -\pi}^{\omega = +\pi} Q_\lambda \, ds = \boldsymbol{P} \,. \tag{40}$$

Um diese Gleichungen zu verwerten, werden zunächst für den Ansatz (39) $\dfrac{\partial \zeta}{\partial \lambda}$ und $\displaystyle\int\limits_{\omega=-\pi}^{\omega=+\pi} Q_\lambda \, ds$ gebildet:

$$\frac{\partial \zeta}{\partial \lambda} = C_2 \frac{\mathfrak{Sin}\,\lambda \cos\omega}{(\mathfrak{Cos}\,\lambda + \cos\omega)^2} + C_3 \frac{1 + \mathfrak{Cos}\,\lambda \cos\omega}{(\mathfrak{Cos}\,\lambda + \cos\omega)^2}$$
$$+ C_4 \frac{e^{-\lambda}}{\mathfrak{Cos}\,\lambda + \cos\omega} - C_4 \frac{\lambda(1 + e^{-\lambda}\cos\omega)}{(\mathfrak{Cos}\,\lambda + \cos\omega)^2} \,, \tag{41}$$

$$\int\limits_{\omega = -\pi}^{\omega = +\pi} Q_\lambda \, ds = -C_4 \frac{4\pi K}{c^2} \,. \tag{42}$$

Die rechten Seiten der Gleichungen (39), (41) und (42) werden nun in die Gleichungen (40) eingeführt und dabei jede Gleichung mit der größten in den Nennern vorkommenden Potenz von $(\mathfrak{Cos}\,\lambda + \cos\omega)$ durchmultipliziert. Dabei werden die vorkommenden Funktionen von λ_0 nach (14) durch β ausgedrückt.

Man erhält damit die folgenden drei Gleichungen zur Ermittlung der Integrationskonstanten, die als die Stammgleichungen bezeichnet werden sollen:

$$\text{a)} \quad C_1 \left(\frac{1+\beta^2}{2\beta} + \cos\omega \right) + C_2 \frac{1+\beta^2}{2\beta} + C_3 \frac{1-\beta^2}{2\beta} + C_4 \lambda_0 \beta = 0 \,,$$

$$\text{b)} \quad C_2 \frac{1-\beta^2}{2\beta} \cos\omega + C_3 \left(1 + \frac{1+\beta^2}{2\beta} \cos\omega \right)$$
$$+ C_4 \left(\frac{1+\beta^2}{2} + \beta \cos\omega - \lambda_0 - \lambda_0 \beta \cos\omega \right) = 0 \,, \tag{43}$$

$$\text{c)} \quad -C_4 \frac{4\pi K}{c^2} = \boldsymbol{P} \,.$$

Die Gleichungen a) und b) müssen längs des ganzen Plattenrandes, also für jeden Wert von ω befriedigt werden. Ordnet man nach Potenzen von $\cos\omega$, so muß jeder einzelne Koeffizient Null sein. Man erhält dadurch eine große Zahl von Gleichungen, die jedoch nicht alle voneinander unabhängig sind. Beseitigt man alle überflüssigen, so muß die Zahl der verbleibenden Gleichungen mit der Zahl der unbekannten Koeffizienten C übereinstimmen, wenn der Ansatz (39) richtig gewählt ist. Hat man weniger Gleichungen, kann also über einzelne Unbekannte willkürlich verfügen, so bedeutet das, daß eine entsprechende Anzahl von Partikularlösungen des Ansatzes von den übrigen abhängig, also entbehrlich ist; denn nur dann ist es möglich, über einzelne Integrationskonstante willkürlich zu verfügen, ohne das Endergebnis zu beeinflussen, das ja eindeutig bestimmt sein muß. Hat man mehr Gleichungen, als Unbekannte, kann also durch kein System von Koeffizienten C alle Bedingungen befriedigen, so war der Ansatz ungenügend und muß in erweiterter Form von neuem durchgerechnet werden.

Da in dem hier behandelten Falle die Gleichung (43c) nur eine Unbekannte erhält, wird ihre Auflösung vorweg genommen und damit für die beiden andern Stammgleichungen ein Absolutglied geschaffen:

$$C_4 = -\frac{P\,c^2}{4\,\pi\,K}\,.$$

Die aus den Stammgleichungen a) und b) abgeleiteten Gleichungen werden in einer Tabelle zusammengefaßt:

St.-Gl.	Faktor	Nr.	Linke Seite d. Gl.			Rechte Seite
			C_1	C_2	C_3	C_4
a	1	1	$\dfrac{1+\beta^2}{2\beta}$	$\dfrac{1+\beta^2}{2\beta}$	$\dfrac{1-\beta^2}{2\beta}$	$-\lambda_0\beta$
	$\cos\omega$	2	1	0	0	0
b	1	3	0	0	1	$-\dfrac{1+\beta^2}{2}+\lambda_0$
	$\cos\omega$	4	0	$\dfrac{1-\beta^2}{2\beta}$	$\dfrac{1+\beta^2}{2\beta}$	$-\beta(1-\lambda_0)$

Die Tabelle bedarf einer kurzen Erläuterung:

Jede Zeile stellt eine Gleichung dar.

Die drei ersten Spalten sind nur dazu bestimmt, Ordnung zu

schaffen und damit das Rechnen und Nachprüfen zu erleichtern. Spalte 1 gibt die Stammgleichung an, aus der die Tabellenzeile hergeleitet ist, Spalte 2 den Faktor, dessen Koeffizient Null gesetzt worden ist. Spalte 3 enthält eine fortlaufende Numerierung der Gleichungen.

Die nächsten, unter der Bezeichnung linke Seite zusammengefaßten Spalten enthalten die Koeffizienten, mit denen die über diesen Spalten stehenden C-Werte zu multiplizieren sind. Die Summe dieser Produkte in jeder Zeile bedeutet die linke Seite der Gleichung.

Die letzte Spalte liefert entsprechend die rechte Seite der Gleichung. Sie enthält nur bekannte Größen (Absolutglied).

Im vorliegenden Falle liefert zunächst Gleichung 2:

$$C_1 = 0$$

und Gleichung 3:

$$C_3 = -\frac{1}{2}(1 + \beta^2 - 2\,\lambda_0) \cdot C_4 = \frac{P\,c^2}{8\,\pi\,K}(1 + \beta^2 - 2\,\lambda_0)$$

Gleichung 1 liefert dann

$$C_2 = -\frac{P\,c^2}{8\,\pi\,K}(1 - \beta^2 - 2\,\lambda_0)\,.$$

Gleichung 4 führt zu demselben Ergebnis, woraus sich ergibt, daß sie von den andern abhängig ist. Wie sie aus ihnen abgeleitet werden kann, braucht hier nicht festgestellt zu werden. Es genügt die Tatsache, daß das in der Tabelle dargestellte Gleichungssystem nur drei unabhängige Gleichungen enthält, entsprechend den drei Unbekannten C_1, C_2, C_3.

Setzt man die gefundenen Ergebnisse in (39) ein, so erhält man die gesuchte Lösung:

$$\zeta = \frac{P\,c^2}{8\,\pi\,K}\left[-(1 - \beta^2 - 2\,\lambda_0)\frac{\mathfrak{Cof}\,\lambda}{\mathfrak{Cof}\,\lambda + \cos\omega}\right.$$

$$\left. + (1 + \beta^2 - 2\,\lambda_0)\frac{\mathfrak{Sin}\,\lambda}{\mathfrak{Cof}\,\lambda - \cos\omega} - 2\,\frac{\lambda\,e^{-\lambda}}{\mathfrak{Cof}\,\lambda + \cos\omega}\right],$$

oder

$$\zeta = \frac{P\,c^2}{8\,\pi\,K\,(\mathfrak{Cof}\,\lambda + \cos\omega)}\,[\beta^2\,e^{\lambda} - e^{-\lambda} - 2\,(\lambda - \lambda_0)\,e^{-\lambda}]\,. \qquad (44)$$

Im Lastpunkt ($\lambda = \infty$) nimmt dieser Ausdruck die Form $\frac{\infty}{\infty}$ an, ist also unbestimmt. Die Grenzwerte der Teillösungen für $\lambda = \infty$

sind unter IV berechnet worden. Setzt man diese in die Lösung ein, so erhält man die Durchbiegung im Lastpunkt:

$$\zeta = \frac{P\,\beta^2\,c^2}{4\,\pi\,K} \cdot \qquad (45)$$

Drückt man c nach (13) durch a und β aus, so erhält man

$$\zeta = \frac{Pa^2\,(1-\beta^2)^2}{16\,\pi\,K}$$

und für $\beta = 0$ (zentrische Last):

$$\zeta = \frac{'Pa^2}{16\,\pi\,K} \cdot$$

Dieser Wert stimmt mit dem bekannten, in Polarkoordinaten berechneten, überein[1].

Von Interesse ist auch die Ableitung der Durchbiegung nach λ. Durch Einsetzen der Integrationskonstanten in (41) findet man:

$$\frac{\partial \zeta}{\partial \lambda} = \frac{P\,c^2}{8\pi K\,(\mathfrak{Cof}\,\lambda + \cos \omega)^2}\,[1 + \beta^2 + 2\,(\lambda - \lambda_0) - 2\,e^{-\lambda}\,\mathfrak{Cof}\,\lambda$$
$$- e^{-\lambda}\,(2\,(\lambda_0 - \lambda) + 1)\,\cos \omega + e^{\lambda}\,\beta^2 \cos \omega]$$

Man überzeugt sich leicht mit Hilfe der Gleichungen (14), daß diese Ableitung für $\lambda = \lambda_0$ verschwindet. Das gleiche gilt für $\lambda = \infty$. Daraus kann man jedoch nicht den Schluß ziehen, daß die Tangentialebene der Platte in diesem Punkte wagerecht wäre. Um deren Neigung zu ermitteln, ist es nötig, $\frac{d\zeta}{ds}$ (für $\omega = $ const) zu bilden. Nach S. 7 erhält man

$$\frac{d\zeta}{ds} = \frac{P\,c}{8\,\pi\,K\,(\mathfrak{Cof}\,\lambda + \cos \omega)}\,[1 + \beta^2 + 2\,(\lambda - \lambda_0) - 2\,e^{-\lambda}\,\mathfrak{Cof}\,\lambda$$
$$- e^{-\lambda}\,(2\,(\lambda_0 - \lambda) + 1)\,\cos \omega + e^{\lambda}\,\beta^2 \cos \omega]\,.$$

Dieser Ausdruck stellt die Neigung einer Tangente an eine ω-Linie dar. Für $\lambda = \infty$ erhält man:

$$\lim_{\lambda \to \infty} \frac{d\zeta}{ds} = \frac{P\,c\,\beta^2}{4\,\pi\,K}\,\cos \omega\,. \qquad (46)$$

Die Platte besitzt also unter der Last eine endliche Neigung, wie das ja auch in der Balkenbiegung der Fall ist.

---

[1] Beyer, K.: Die Statik im Eisenbetonbau, S. 564. Stuttgart 1927.

Für den technischen Gebrauch ist die Aufgabe damit noch nicht gelöst. Wesentlich wichtiger und für die Beurteilung des statischen Verhaltens der Platte interessanter als die Durchbiegungen sind die Momente und Querkräfte. Für die verwendeten Partikularlösungen sind diese Funktionen im Abschnitt IV angegeben worden. Unter Verwendung der eben berechneten Integrationskonstanten erhält man daraus:

$$
\begin{aligned}
M_\lambda &= \frac{P}{8\pi}\left[(1+\nu)(1-\beta^2+2\log\beta+\lambda)+(1-\nu)\,e^{-\lambda}\,\mathfrak{Sin}\,\lambda\right.\\
&\qquad\left. -2(1+e^{-\lambda}\cos\omega)\right],\\
M_\omega &= \frac{P}{8\pi}\left[(1+\nu)(1-\beta^2+2\log\beta+\lambda)-(1-\nu)\,e^{-\lambda}\,\mathfrak{Sin}\,\lambda\right.\\
&\qquad\left. -2\,\nu(1+e^{-\lambda}\cos\omega)\right],\\
M_{\lambda\omega} &= 0,
\end{aligned}
\tag{47}
$$

$$
\begin{aligned}
Q_\lambda &= \frac{P}{2\pi c}(\mathfrak{Cof}\,\lambda+\cos\omega)(1-e^{-\lambda}\cos\omega),\\
Q_\omega &= \frac{P}{2\pi c}(\mathfrak{Cof}\,\lambda+\cos\omega)\,e^{-\lambda}\sin\omega.
\end{aligned}
\tag{48}
$$

c) Umrechnung des Ergebnisses für die Durchbiegung auf bipolare Koordinaten.

Nach Gleichung (2) ist (vgl. auch Abb. 1)

$$
e^\lambda = \frac{r_2}{r_1},\qquad \mathfrak{Cof}\,\lambda = \frac{r_1^2+r_2^2}{2\,r_1\,r_2},
$$

ferner:

$$
\lambda_0 = \log\frac{2\,c+b-a}{a-b},
$$

$$
\lambda - \lambda_0 = \log\left(\frac{r_2}{r_1}\,\frac{a-b}{2\,c-a+b}\right).
$$

Nach Gleichung (13) kann dieser letzte Ausdruck umgeformt werden in

$$
\lambda - \lambda_0 = -\log\frac{r_1}{r_2}\,\frac{1-\beta^2-\beta+\beta^2}{\beta(1-\beta)} = -\log\frac{r_1}{\beta\,r_2}.
$$

Um auch ω durch r_1 und r_2 auszudrücken, benutzt man die Gleichung (5):

$$
\tan\omega = \frac{2\,c\,y}{c^2-x^2-y^2}.
$$

Man findet daraus nach einiger Umformung

$$
\cos\omega = \frac{1}{\sqrt{1+\tan^2\omega}} = \frac{c^2-x^2-y^2}{\sqrt{(c^2+x^2+y^2)^2-4\,c^2\,x^2}}.
$$

Mit den aus Abb. 1 zu entnehmenden Beziehungen

$$r_{\frac{1}{2}}^2 = (x \mp c)^2 + y^2$$

erhält man daraus

$$\cos \omega = \frac{4\,c^2 - r_1^2 - r_2^2}{2\,r_1 r_2}.$$

Die Gleichung (44) nimmt durch Einsetzen der hier berechneten Werte die folgende Gestalt an:

$$\zeta = \frac{P c^3}{8\pi K}\,\frac{r_1 r_2}{2\,c^3}\left[\beta^2\,\frac{r_2}{r_1} - \frac{r_1}{r_2} + 2\,\frac{r_1}{r_2}\log\frac{r_1}{\beta\,r_2}\right],$$

oder umgeformt

$$\zeta = \frac{P}{16\pi K}\left[\beta^2\,r_2^2 - (1 + 2\log\beta)\,r_1^2 + 2\,r_1^2\log\frac{r_1}{r_2}\right]. \tag{49}$$

d) Die eingespannte Platte mit gleichförmig verteilter Last und exzentrischer Stütze.

Dieser Belastungsfall läßt sich unabhängig von dem vorhergehenden dadurch berechnen, daß man einen geeigneten Ansatz für ζ macht und zu den unter b) gegebenen Bedingungen noch die beiden weiteren

$$\lambda = \infty : \zeta = 0,$$

$$\nabla^2 \nabla^2 \zeta = p/K$$

hinzufügt. Man kann die Aufgabe aber auch nach Art der statisch unbestimmten Systeme behandeln, indem man zunächst einen Ansatz für die gleichförmig belastete Platte ohne Stütze aufstellt und ihn dann mit der unter b) gegebenen Einzelkraft-Lösung so kombiniert, daß die resultierende Durchbiegung über der Stütze Null wird. Dieser Weg soll hier beschritten werden.

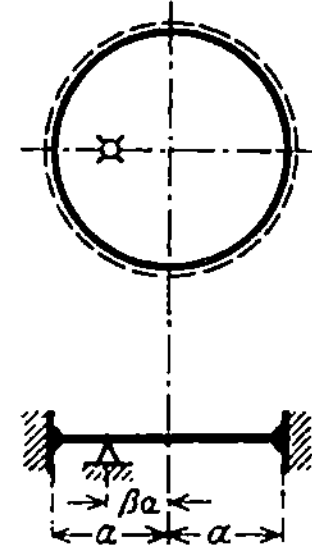

Abb. 17.

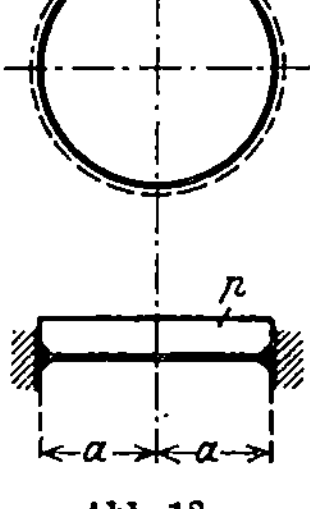

Abb. 18.

Zunächst wird der Belastungsfall der Abb. 18 mit folgendem Ansatz untersucht:

$$\zeta = C_1\,\frac{\mathfrak{Sin}^2\lambda}{(\mathfrak{Cof}\lambda + \cos\omega)^2} + C_2\,\frac{\mathfrak{Cof}\lambda\,\mathfrak{Sin}\lambda}{(\mathfrak{Cof}\lambda + \cos\omega)^2} + C_3\,\frac{\mathfrak{Cof}^2\lambda}{(\mathfrak{Cof}\lambda + \cos\omega)^2}. \tag{50}$$

Zur Erfüllung der Randbedingungen braucht man die erste Ableitung nach λ:

$$\frac{\partial \zeta}{\partial \lambda} = C_1 \frac{2\operatorname{Sin}\lambda\,(1+\operatorname{Cof}\lambda\cos\omega)}{(\operatorname{Cof}\lambda+\cos\omega)^3}$$

$$+\, C_2 \frac{\operatorname{Cof}\lambda\,(1+\operatorname{Cof}\lambda\cos\omega)+\operatorname{Sin}^2\lambda\cos\omega}{(\operatorname{Cof}\lambda+\cos\omega)^3} + C_3 \frac{2\operatorname{Cof}\lambda\operatorname{Sin}\lambda\cos\omega}{(\operatorname{Cof}\lambda+\cos\omega)^3}. \tag{51}$$

Ferner braucht man $\nabla^2\nabla^2\zeta$, um den Ansatz der gegebenen Belastung anzupassen:

$$\nabla^2\nabla^2\zeta = C_3 \frac{16}{c^4}. \tag{52}$$

Zur Bestimmung der Konstanten dienen die drei Bedingungen:

$$\left.\begin{array}{lll} \text{a)} & \lambda=\lambda_0: & \zeta=0\,, \\[2mm] \text{b)} & \lambda=\lambda_0: & \dfrac{\partial\zeta}{\partial\lambda}=0\,, \\[2mm] \text{c)} & & K\cdot\nabla^2\nabla^2\zeta=p\,. \end{array}\right\} \tag{53}$$

Gleichung (53c) liefert

$$C_3 = \frac{pc^4}{16\,K}.$$

Die Gleichungen a) und b) führen dann zu den beiden Stammgleichungen:

$$\text{a)}\quad C_1\frac{(1-\beta^2)^2}{4\,\beta^2}+C_2\frac{1-\beta^4}{4\,\beta^2}=-C_3\frac{(1+\beta^2)^2}{4\,\beta^2}\,,$$

$$\text{b)}\quad C_1\left(\frac{1-\beta^2}{\beta}+\frac{1-\beta^4}{2\,\beta^2}\cos\omega\right)+C_2\left(\frac{1+\beta^2}{2\,\beta}+\frac{1+\beta^4}{2\,\beta^2}\cos\omega\right)=$$

$$=-C_3\frac{1-\beta^4}{2\,\beta^2}\cos\omega\,.$$

Daraus gewinnt man das folgende Gleichungssystem:

St.-Gl.	Faktor	Nr.	Linke Seite		Rechte Seite
			C_1	C_2	C_3
a	1	1	$(1-\beta^2)^2$	$1-\beta^4$	$-(1+\beta^2)^2$
b	1	2	$2(1-\beta^2)$	$1+\beta^2$	0
	$\cos\omega$	3	$1-\beta^4$	$1+\beta^4$	$-(1-\beta^4)$

Gleichung 2 liefert

$$C_2 = -2\,\frac{1-\beta^2}{1+\beta^2}\,C_1\,.$$

Das wird in die beiden anderen Gleichungen eingesetzt und muß dann zweimal zu demselben Ergebnis führen:

Gleichung 1:

$$C_1\left[(1-\beta^2)^2 - 2\frac{(1-\beta^2)(1-\beta^4)}{1+\beta^2}\right] = -C_3(1+\beta^2)^2$$
$$C_1(1-\beta^2)^2 = C_3(1+\beta^2)^2 \, .$$

Gleichung 3:

$$C_1\left[1-\beta^4 - 2\frac{(1-\beta^2)(1+\beta^4)}{1+\beta^2}\right] = -C_3(1-\beta^4) \, ,$$
$$C_1\left[(1-\beta^2)(1+\beta^2)^2 - 2(1-\beta^2)(1+\beta^4)\right] = -C_3(1-\beta^2)(1+\beta^2)^2 \, ,$$
$$C_1(1-\beta^2)^2 = C_3(1+\beta^2)^2 \, .$$

Beide Gleichungen liefern

$$C_1 = \left[\frac{1+\beta^2}{1-\beta^2}\right]^2 \cdot C_3 = \frac{p\,c^4}{16\,K}\left[\frac{1+\beta^2}{1-\beta^2}\right]^2$$

und daraus

$$C_2 = -\frac{p\,c^4}{8\,K} \cdot \frac{1+\beta^2}{1-\beta^2} \, .$$

Diese Größen werden in den Ansatz (50) eingesetzt und führen zur Gleichung für die Durchbiegung:

$$\zeta = \frac{p\,c^4}{16\,K}\,\frac{(\beta^2 e^\lambda - e^{-\lambda})^2}{(1-\beta^2)^2\,(\mathfrak{Cof}\,\lambda + \cos\omega)^2} \, . \tag{54}$$

Ferner erhält man folgende Momente und Querkräfte:

$$M_\lambda = -\frac{p\,c^2}{8\,(1-\beta^2)^2\,(\mathfrak{Cof}\,\lambda + \cos\omega)^2}\Big[(1+\beta^2+(\beta^2 e^\lambda + e^{-\lambda})\cos\omega)^2$$
$$+ \nu(\beta^2 e^\lambda - e^{-\lambda})^2\sin^2\omega - (1+\nu)(1-\beta^2)\cdot$$
$$\cdot(\beta^2 e^\lambda - e^{-\lambda})(\mathfrak{Cof}\,\lambda + \cos\omega)\Big],$$

$$M_\omega = -\frac{p\,c^2}{8\,(1-\beta^2)^2\,(\mathfrak{Cof}\,\lambda + \cos\omega)^2}\Big[(\beta^2 e^\lambda - e^{-\lambda})^2\sin^2\omega$$
$$+ \nu(1+\beta^2+(\beta^2 e^\lambda + e^{-\lambda})\cos\omega)^2 - (1+\nu)(1-\beta^2)\cdot$$
$$\cdot(\beta^2 e^\lambda - e^{-\lambda})(\mathfrak{Cof}\,\lambda + \cos\omega)\Big],$$

$$M_{\lambda\omega} = -\frac{p c^2(1-\nu)}{8(1-\beta^2)^2}\,\frac{\sin\omega}{(\mathfrak{Cof}\,\lambda + \cos\omega)^2}\Big[(1+\beta^2)(\beta^2 e^\lambda - e^{-\lambda})$$
$$+ (\beta^4 e^{2\lambda} - e^{-2\lambda})\cos\omega\Big],$$

$$\left.\begin{array}{l}\\ \\ \\ \\ \\ \\ \\ \\ \end{array}\right\}\,(55)$$

$$Q_\lambda = \frac{p\,c}{2(1-\beta^2)}\,\frac{1+\beta^2 + (\beta^2 e^\lambda + e^{-\lambda})\cos\omega}{\mathfrak{Cof}\,\lambda + \cos\omega} \, ,$$

$$Q_\omega = \frac{p\,c}{2(1-\beta^2)}\,\frac{(\beta^2 e^\lambda - e^{-\lambda})\sin\omega}{\mathfrak{Cof}\,\lambda + \cos\omega} \, .$$

$$\left.\begin{array}{l}\\ \\ \end{array}\right\}\,(56)$$

4*

Diese Formeln, die für sich allein wertlos sind, weil sich das Ergebnis einfacher in Polarkoordinaten darstellen läßt, sollen nun zur Untersuchung der in Abb. 17 dargestellten Platte verwendet werden. Dazu wird die Durchbiegung im Pol $\lambda = \infty$ für die Einzellast und die verteilte Belastung berechnet. Man erhält nach (45) für eine von unten nach oben wirkende Stützkraft $A = 1$ t:

$$\zeta_A = -\frac{\beta^2\, c^2}{4\pi\, K}$$

und für die verteilte Last nach (54):

$$\zeta_p = \frac{p\, c^4}{16\, K}\, \frac{\beta^4 \cdot 4\,\mathfrak{Co}\mathfrak{f}^2\,\lambda}{(1-\beta^2)^2\,\mathfrak{Co}\mathfrak{f}^2\,\lambda} = \frac{p\, c^4}{4\, K}\cdot\frac{\beta^4}{(1-\beta^2)^2}\,. \tag{57}$$

Daraus findet man in der aus der Theorie der statisch unbestimmten Systeme bekannten Weise

$$A = -\frac{\zeta_p}{\zeta_A} = \frac{p\, c^2\,\beta^2\,\pi}{(1-\beta^2)^2}\,. \tag{58}$$

Mit diesem Ergebnis liefern die Gleichungen (44) und (54) die Durchbiegung für die Platte mit Einzelstütze:

$$\zeta = \frac{p\, c^4}{16\, K\,(1-\beta^2)^2}\left[\frac{(\beta^2\, e^\lambda - e^{-\lambda})^2}{(\mathfrak{Co}\mathfrak{f}\,\lambda + \cos\omega)^2} + 2\beta^2\,\frac{(1+2\lambda+2\log\beta)\, e^{-\lambda} - \beta^2\, e^\lambda}{\mathfrak{Co}\mathfrak{f}\,\lambda + \cos\omega}\right].\tag{59}$$

Die Momente und Querkräfte werden entsprechend gefunden:

$$\begin{aligned}
M_\lambda = &-\frac{p\, c^2}{8\,(1-\beta^2)^2}\left[\frac{1}{(\mathfrak{Co}\mathfrak{f}\,\lambda+\cos\omega)^2}\left[(1+\beta^2+(\beta^2\, e^\lambda + e^{-\lambda})\,\cos\omega)^2\right.\right.\\
&\left. + \nu\,(\beta^2\, e^\lambda - e^{-\lambda})^2\,\sin^2\omega\right] - (1+\nu)\,(1-\beta^2)\,\frac{\beta^2\, e^\lambda - e^{-\lambda}}{\mathfrak{Co}\mathfrak{f}\,\lambda + \cos\omega}\\
&+ (1+\nu)\,(1-\beta^2+2\log\beta+\lambda)\,\beta^2\\
&\left. + (1-\nu)\,\beta^2 e^{-\lambda}\,\mathfrak{Sin}\,\lambda - 2\beta^2\,(1-e^{-\lambda}\cos\omega)\right],\\[2mm]
M_\omega = &-\frac{p\, c^2}{8\,(1-\beta^2)^2}\left[\frac{1}{(\mathfrak{Co}\mathfrak{f}\,\lambda+\cos\omega)^2}\left[(\beta^2\, e^\lambda - e^{-\lambda})^2\,\sin^2\omega\right.\right.\\
&\left. + \nu\,(1+\beta^2+(\beta^2 e^\lambda + e^{-\lambda})\,\cos\omega)^2\right] - (1+\nu)\,(1-\beta^2)\cdot\\
&\cdot\frac{\beta^2 e^\lambda - e^{-\lambda}}{\mathfrak{Co}\mathfrak{f}\,\lambda + \cos\omega} + (1+\nu)\,(1-\beta^2+2\log\beta+\lambda)\,\beta^2\\
&\left. - (1-\nu)\,\beta^2 e^{-\lambda}\,\mathfrak{Sin}\,\lambda - 2\nu\beta^2\,(1-e^{-\lambda}\cos\omega)\right],\\[2mm]
M_{\lambda\omega} = &-\frac{p\, c^2\,(1-\nu)}{8\,(1-\beta^2)^2}\,\frac{\sin\omega}{(\mathfrak{Co}\mathfrak{f}\,\lambda+\cos\omega)^2}\left[(1+\beta^2)\,(\beta^2 e^\lambda - e^{-\lambda})\right.\\
&\left. + (\beta^4 e^{2\lambda} - e^{-2\lambda})\,\cos\omega\right],
\end{aligned} \tag{60}$$

$$\begin{aligned}
Q_\lambda = \frac{p\,c}{2\,(1-\beta^2)^2}\Bigg[&\frac{1-\beta^2}{\mathfrak{Cof}\,\lambda + \cos\omega}\,(1+\beta^2+(\beta^2\,e^\lambda + e^{-\lambda})\cos\omega) \\
&- \beta^2\,(\mathfrak{Cof}\,\lambda + \cos\omega)\,(1 - e^{-\lambda}\cos\omega)\Bigg], \\[2mm]
Q_\omega = \frac{p\,c}{2\,(1-\beta^2)^2}\sin\omega\Bigg[&\frac{1-\beta^2}{\mathfrak{Cof}\,\lambda + \cos\omega}\,(\beta^2\,e^\lambda - e^{-\lambda}) \\
&- \beta^2\,(\mathfrak{Cof}\,\lambda + \cos\omega)\,e^{-\lambda}\Bigg].
\end{aligned} \qquad (61)$$

Die Formel (57) erlaubt eine Nachprüfung der Ergebnisse durch Vergleich mit den Formeln für die zentralsymmetrische Kreisplatte. Die Formel für diesen Belastungsfall lautet in Polarkoordinaten[1]:

$$\zeta = \frac{p\,a^4}{64\,K}\left[1 - \left(\frac{r}{a}\right)^2\right]^2. \qquad (62)$$

Setzt man in die Formel (57) c nach Gleichung (13) ein, so erhält man

$$\zeta = \frac{p}{4\,K}\,\frac{a^4\,(1-\beta^2)^4}{16\,\beta^4}\,\frac{\beta^4}{(1-\beta^2)^2} = \frac{p\,a^4}{64\,K}\,(1-\beta^2)^2.$$

Das entspricht mit $\beta = r/a$ genau der Gleichung (62).

Zu einem überraschenden Ergebnis führt die Gleichung (58). Setzt man nämlich dort c nach Gleichung (13) ein, so erhält man

$$A = \frac{p\,\beta^2\,\pi}{(1-\beta^2)^2}\cdot a^2\,\frac{(1-\beta^2)^2}{4\,\beta^2} = p\,\frac{\pi\,a^2}{4}, \qquad (63)$$

d. h. die Einzelstütze trägt stets $^1/_4$ der gesamten Auflast $p\,\pi\,a^2$, und zwar unabhängig von der Stellung der Stütze.

e) Die kreisförmige Pilzdecke.

Eine Pilzdecke ist im wesentlichen eine Platte, die neben verteilter Belastung eine oder mehrere Einzellasten trägt, deren Größe aus Formänderungsbedingungen zu bestimmen ist. Über die Berechnung von Platten mit mehreren Einzellasten ist unter II d das Nötige gesagt worden. Den Gang der Rechnung erkennt man am besten an einem Zahlenbeispiel. Es soll deshalb hier die

---

[1] Beyer, K.: Die Statik im Eisenbetonbau, S. 562. Stuttgart 1927.

in Abb. 19 dargestellte Platte untersucht werden. Der Rechnung liegen folgende Annahmen zugrunde:

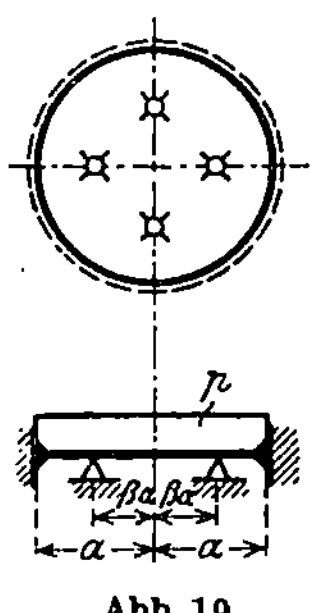

Abb. 19.

$$a = 10{,}00\ \text{m}, \quad \beta \cdot a = 5{,}00\ \text{m}, \quad \beta = 0{,}500,$$

$$h = 30\ \text{cm}, \quad E = 210\ \text{t}/\text{cm}^2,$$

$$K = \frac{E\,h^3}{12\,(1 - \nu^2)} = \frac{210 \cdot 30^3}{12 \cdot 35/36} = 486\,000\ \text{tcm},$$

$$K = 4860\ \text{tm},$$

$$p = 1\ \text{t}/\text{m}^2.$$

Durchbiegungen und Schnittkräfte werden an der eingespannten Platte getrennt bestimmt

für die Belastung,

für jede der Stützkräfte.

Als Belastung ist nach Abb. 19 gleichförmig verteilte Vollast angenommen worden. An Stelle der Vollast könnte jede andere Belastung treten, für die eine Lösung bekannt ist, also z. B. Belastung einer Kreiszone, Einzellast in der Mitte, exzentrische Einzellast (dann mit einem besonderen λ-ω-System).

Für die Auflast werden die gesuchten Größen in einem Polarkoordinatensystem berechnet. Die hierzu nötigen Formeln sind bekannt. Sie lauten mit $\varrho = r/a$:

$$\zeta = \frac{p\,a^4}{64\,K}\,(1 - \varrho^2)^2 = 0{,}03215\,(1 - \varrho^2)^2,$$

$$M_\lambda = \frac{p\,a^2}{16}\,((1 + \nu) - (3 + \nu)\,\varrho^2) = 7{,}292 - 19{,}792\,\varrho^2,$$

$$M_\omega = \frac{p\,a^2}{16}\,((1 + \nu) - (1 + 3\,\nu)\,\varrho^2) = 7{,}292 - 9{,}375\,\varrho^2.$$

Auf die Wiedergabe der zahlenmäßigen Ausführung dieser einfachen Formeln wird hier verzichtet.

Die Durchbiegungen und Schnittkräfte infolge der Stützkräfte werden für jede einzeln ermittelt. Infolge der einfachen Anordnung der Stützen im vorliegenden Beispiel lassen sich die für eine Stützkraft errechneten Werte auch für die andern drei nach entsprechender Drehung des Koordinatensystems wieder verwenden.

Das bei dieser Berechnung nötige λ-ω-Netz ist bestimmt durch c und λ_0:

$$c = a\,\frac{1 - \beta^2}{2\,\beta} = 10{,}00 \cdot \frac{1 - 0{,}25}{2 \cdot 0{,}50} = 7{,}50\ \text{m},$$

$$\lambda_0 = -\log\beta = +0{,}69315.$$

Als Koordinatensystem für die Superposition dient das oben erwähnte Polarkoordinatensystem. Abb. 20 gibt die Punkte 1 bis 25 dieses Netzes an, für die der Formänderungs- und Spannungszustand der Platte ermittelt werden soll. Es ist nötig, deren Koordinaten r, φ in λ, ω umzurechnen. Dies geschieht mit den folgenden Formeln, die man mit

$$s = b + c = 12{,}50\,\text{m}$$

und

$$x - s = r \cos\varphi , \qquad y = r \sin\varphi$$

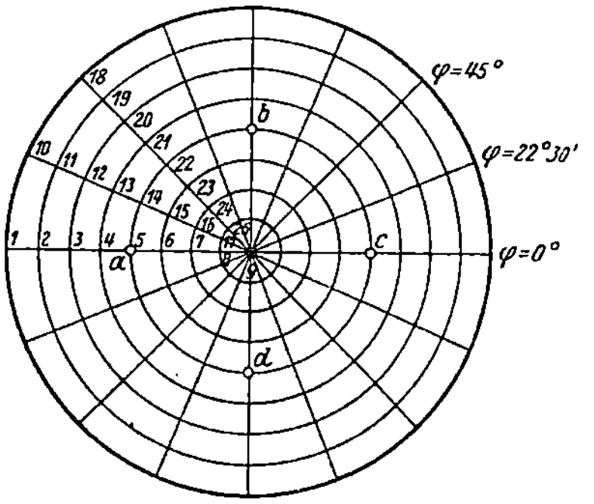

Abb. 20.

unmittelbar aus den Gleichungen (5), S. 5, ablesen kann:

$$\mathfrak{Tan}\,\lambda = \frac{2c\,(s + r\cos\varphi)}{s^2 + c^2 + 2\,s\,r\cos\varphi + r^2}, \qquad \left.\begin{array}{c}\\[3ex]\\[3ex]\end{array}\right\} \tag{64}$$

$$\tan\omega = \frac{-2\,c\,r\sin\varphi}{s^2 - c^2 + 2\,s\,r\cos\varphi + r^2},$$

Setzt man die Zahlen des Beispiels ein, so erhält man:

$$\mathfrak{Tan}\,\lambda = \frac{187{,}5 + 15{,}0\,r\cos\varphi}{212{,}50 + 25{,}0\,r\cos\varphi + r^2},$$

$$\tan\omega = -\frac{15{,}0\,r\sin\varphi}{100{,}00 + 25{,}0\,r\cos\varphi + r^2}.$$

Ehe man die Durchrechnung der Gleichungen (44), (47) beginnen kann, ist noch die Größe der Stützkraft A zu bestimmen. Das geschieht wie bei einem statisch unbestimmten System. Bezeichnet man die vier Stützen mit den Indizes a, b, c, d (Abb. 20) und die von der Stützkraft $A = -1\,\text{t}$ in diesen Punkten erzeugten Durchbiegungen durch Doppelindizes in der üblichen Schreibweise, so ist nach (44) und (45):

$$\frac{8\pi K}{c^2}\,\zeta_{aa} = 2 \cdot 0{,}25 = 0{,}50000,$$

$$\frac{8\pi K}{c^2}\,\zeta_{ba} = \frac{8\pi K}{c^2}\,\zeta_{da} = \frac{1}{\mathfrak{Coj}\,1{,}0700 + \cos 149°2'} \cdot (0{,}25 \cdot e^{1{,}0700}$$

$$- e^{-1{,}0700} - 2 \cdot 0{,}3769 \cdot e^{-1{,}0700}) = 0{,}16492,$$

$$\frac{8\,\pi\,K}{c^2}\,\zeta_{ca} = \frac{1}{\mathfrak{Cof}\,0{,}9163 + \cos 180^0}\,(0{,}25\cdot e^{0{,}9163} - e^{-0{,}9163}$$

$$- 2\cdot 0{,}2232\cdot e^{-0{,}9163}) = 0{,}10357\,.$$

Die in diesen Ansätzen vorkommenden Zahlen sind die nach (64) berechneten Koordinaten λ, ω für die Punkte $r/a = {}^4/_8$, $\varphi = 90^0$ und $r/a = {}^4/_8$, $\varphi = 0^0$.

Die Durchbiegung der Stützpunkte infolge der Auflast erhält man zu

$$K\cdot\zeta_{a0} = \frac{1{,}0\cdot 10{,}0^4}{64}\,(1-0{,}50^2)^2 = 87{,}8906\,.$$

Daraus ergibt sich

$$A = \frac{\zeta_{a0}}{\zeta_{aa} + 2\,\zeta_{ba} + \zeta_{ca}} = \frac{87{,}8906\cdot 8}{0{,}75^2\,(0{,}50000 + 2\cdot 0{,}16492 + 0{,}10357)}$$

$$= \boxed{42{,}0714\ \text{t}}\,.$$

Setzt man diesen Wert in (44) und (47) ein, und beachtet man dabei für das Vorzeichen, daß die Stützkräfte von unten nach oben wirken, so erhält man die folgenden Formeln, die zur tabellarischen Durchrechnung fertig zusammengefaßt sind:

$$\zeta = -0{,}038749\,\frac{0{,}125\,e^{\lambda} - (\lambda - 0{,}1931)\,e^{-\lambda}}{\mathfrak{Cof}\,\lambda + \cos\omega}\,,$$

$$M_\lambda = -3{,}8932 + 2{,}7900\,\lambda + 0{,}6976\,e^{-2\lambda} - 3{,}3480\,e^{-\lambda}\cos\omega\,,$$

$$M_\omega = -2{,}7773 + 2{,}7900\,\lambda - 0{,}6976\,e^{-2\lambda} - 0{,}8370\,e^{-\lambda}\cos\omega\,.$$

Wenn man für die hier vorkommenden Funktionen gute Tabellen zur Hand hat[1], ist die Durchrechnung dieser Formeln eine einfache Sache, die aber dadurch sehr zeitraubend wird, daß zur hinreichenden Darstellung des Spannungsverlaufs in der Platte die Durchbiegungen und Momente für eine sehr große Zahl von Punkten ausgerechnet werden müssen (im hier durchgeführten Beispiel 73 Punkte).

Von einer Wiedergabe der umfangreichen Zahlenrechnung soll hier abgesehen werden. Sie liefert die Durchbiegungen infolge der Kraft A_a und die zugehörigen Momente M_λ, M_ω, bezogen auf das durch die Lage des Stützpunktes a bestimmte λ-ω-System.

---

[1] Z. B.: K. Hayashi: Fünfstellige Tafeln d. Kreis- u. Hyperbelfunktionen. Berlin 1921.

Diese Werte sind nun mit den entsprechenden, zu den andern drei Stützkräften und der Nutzlast gehörenden zu superponieren. Für die Durchbiegung ζ geschieht dies einfach durch Addition. Bei den Momenten ist eine graphische Superposition mit dem Momentenkreis[1] das zweckmäßigste Verfahren. Abb. 21 gibt die Konstruktion für den Punkt 12 (vgl. Abb. 20!) wieder. In Abb. 21a sind die von den vier Stützkräften A_a, A_b, A_c, A_d erzeugten Spannungszustände dargestellt und aus ihnen die Momente M_r, M_φ, $M_{r\varphi}$ gewonnen worden. Diese sind zusammen mit den von der Last herrührenden Momenten in der folgenden Tabelle angegeben worden. Die letzte Zeile der Tabelle enthält die Superpositionsergebnisse.

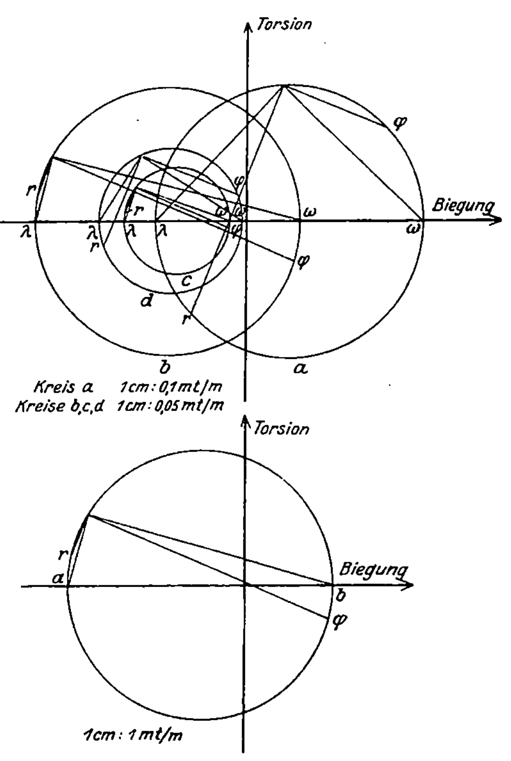

Abb. 21 a, b.

Last	M_r mt/m	M_φ mt/m	$M_{r\varphi}$ mt/m
p	$-3{,}841$	$+2{,}018$	—
A_a	$+0{,}294$	$-0{,}776$	$-0{,}486$
A_b	$+0{,}549$	$-0{,}134$	$+0{,}098$
A_c	$+0{,}323$	$+0{,}050$	$+0{,}020$
A_d	$+0{,}383$	$+0{,}023$	$-0{,}064$
Σ	$-2{,}292$	$+1{,}181$	$-0{,}432$

Mit den hier berechneten Momenten, die den Spannungszustand des Punktes unter dem Einfluß aller Lasten und Stützkräfte be-

---

[1] Nádai, A.: Die elastischen Platten, S. 16. Berlin 1925.

stimmen, ist dann der Momentenkreis der Abb. 21b gezeichnet worden, der die Hauptspannungsrichtungen a und b und die Hauptspannungsmomente

$$M_a = -1{,}350 \text{ mt/m} \quad \text{und} \quad M_b = +1{,}230 \text{ mt/m}$$

liefert. Die auf diese Weise gefundenen Hauptspannungsrichtungen bilden die Unterlage zur Aufzeichnung von Momententrajektorien, die in der Abb. 22 dargestellt sind.

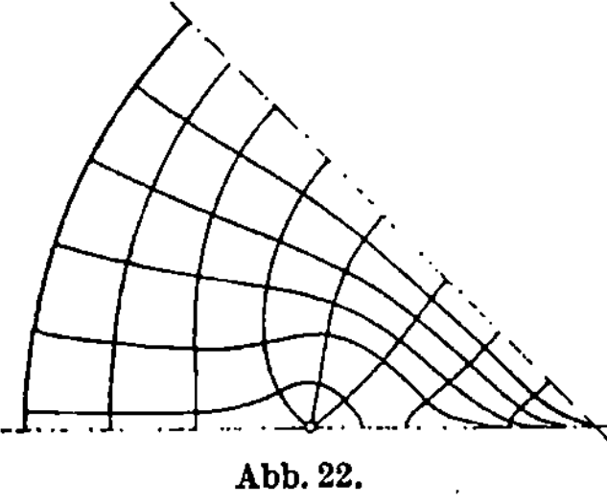

Abb. 22.

Dabei ist zu beachten, daß der gegenseitige Abstand dieser Kurven im Gegensatz zu den Spannungstrajektorien nichts mit der Größe der Momente zu tun hat. Die Dichte der Kurven ist also hier ganz willkürlich. Die Momente, die zu den durch die Trajektorien angegebenen Schnittrichtungen gehören, sind in den Abb. 23 und 24 dargestellt. Die Kurven zeigen den Verlauf der Momente längs der Radien $\varphi = 0^0$ (durch eine Stütze), $\varphi = 22^0\,30'$ und $\varphi = 45^0$ (Symmetrieachse

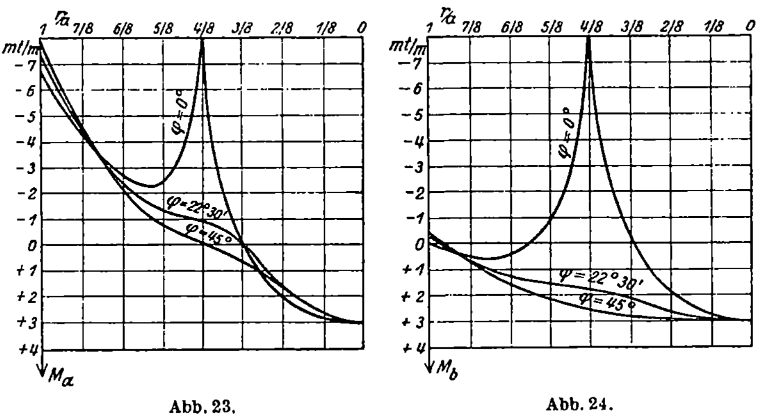

zwischen den Stützen). Die in Abb. 23 dargestellten Momente M_a sind für die erste und dritte Kurve identisch mit M_r. Sie treten allgemein in Schnitten auf, die längs der ringförmig umlaufenden Trajektorien geführt werden. Die Momente M_b der Abb. 24 sind die in den senkrecht hierzu laufenden Schnitten auftretenden

Momente. Sie gehören also zu Schnitten in Richtung der radialen Trajektorien.

In Abb. 25 ist die Biegefläche der Pilzplatte durch Höhenschichtlinien dargestellt. Sie gewährt eine gute Vorstellung von der statischen Wirkungsweise der Platte und ihrer Stützen. Für die Dimensionierung wird sie natürlich nicht gebraucht.

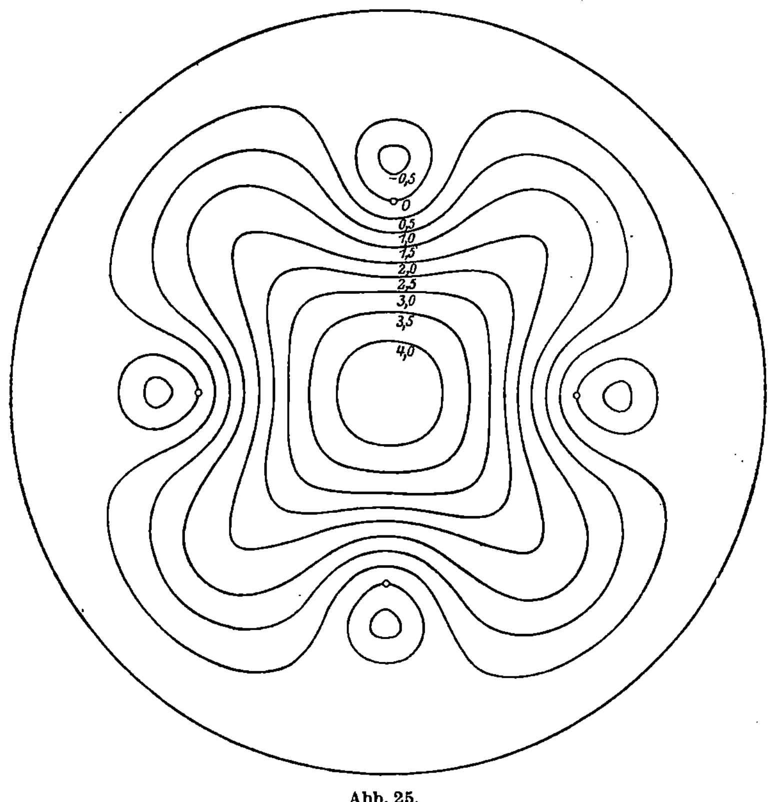

Abb. 25.

f) Die frei gelagerte Pilzdecke.

Die Abb. 23 zeigt, daß die Veränderlichkeit der Einspannungsmomente längs des Randes verhältnismäßig gering ist. Je größer die Zahl der Zwischenstützen ist, um so gleichmäßiger wird sich diese Momentenverteilung gestalten. Man kann deshalb aus den hier gegebenen Ansätzen auch eine Näherungslösung für

die am Rande frei gelagerte Pilzdecke gewinnen, indem man zu
den schon vorhandenen Durchbiegungen noch als weiteren
Anteil die Durchbiegung infolge eines längs des ganzen Randes
gleichförmig verteilten Momentes M hinzufügt, das so groß
gewählt werden muß, daß das Einspannungsmoment der Platte im
Mittel Null wird. Diese Lösung lautet mit $\varrho = r/a$:

$$\zeta = \frac{M\,a^2}{2\,K\,(1+\nu)}\,(1 - \varrho^2)\,.$$

Die unter V, e berechnete Pilzdecke mit vier Stützen wäre dann
als fünffach statisch unbestimmtes System zu untersuchen. M
ist die fünfte Überzählige.

Man kann statt dessen auch aus den unter IV gegebenen
Partikularlösungen eine Lösung für die Platte mit Einzellast
ansetzen, bei der unter Verzicht auf die Einspannungsbedingung
$\frac{\partial \zeta}{\partial \lambda} = 0$ für den Rand die Bedingung $\oint M_\lambda\,ds = 0$ erfüllt ist.
Hierzu kommt dann für die Auflast p die bekannte Lösung für
die frei aufliegende Platte in Polarkoordinaten.

Ein Ansatz, der am Rande die Bedingung $M_\lambda = 0$ streng
an jeder Stelle erfüllt, läßt sich aus den vorhandenen Teillösungen
nicht bilden.

VI. Schlußbemerkungen.

Am Schlusse der Arbeit ergibt sich von selbst die Frage nach
dem erreichten Ziel und seinem Wert.

Das erste wesentliche Ergebnis dieser Arbeit liegt darin,
daß ein gangbarer Weg zur zahlenmäßigen Durchrechnung
schwieriger Aufgaben gezeigt worden ist, der allem Anschein nach
auch für andere Formen und Belastungen von Platten mit Vor-
teil Anwendung finden kann. Die Frage, inwieweit auch die
schwierigste und lohnendste aller Plattenaufgaben, die Berechnung der Rechteckplatte, dadurch der endgültigen Lösung näher
kommt, muß offen gelassen werden. Das zweite Ergebnis von
Wert ist die Möglichkeit der strengen Berechnung einer Pilzdecke,
wenn auch nicht der rechteckig begrenzten. Die hier gegebenen
Formeln und Rechenverfahren geben die Möglichkeit, für eine
Pilzplatte, die nicht durch hochgradige Symmetrie (wie die Kreis-
pildecke mit einfacher Mittelstütze) das Wesentliche zu sehr ver-

wischt, Biegeflächen, Momentenflächen und -trajektorien zu zeichnen. Die an dem hier durchgerechneten Beispiel vorhandene Symmetrie läßt sich leicht beseitigen. Sie ist nicht nötig für die Anwendbarkeit der Methode.

Technisch verwendbar sind diese Rechnungen in erster Linie für den Bau von Eisenbetonbehältern. Versenkte und unversenkte Wasserbehälter mit Zwischenstützen werden vielfach gebaut und dann meist mit Unterzügen ausgeführt. Hier ist die Möglichkeit geschaffen, solche Behälterdecken ohne Unterzüge als punktgestützte Pilzdecken streng zu untersuchen und danach zu konstruieren. Die Lösung für die exzentrische Punktlast kann natürlich auch weit darüber hinaus überall da Anwendung finden, wo Kreisplatten im Ingenieurbau verwendet werden.

Zahlreiche Fragen, die hiermit im Zusammenhang stehen, konnten im Rahmen dieser Arbeit nur angeschnitten werden. Die Kreisringplatte allgemeiner Form, die Platte mit einer exzentrischen kreisförmigen Auflast, die frei gelagerte Platte, die Platte mit Punktmoment an beliebiger Stelle und in beliebiger Richtung, das alles sind Plattenaufgaben, deren Lösung brauchbar und zum Teil dringend ist. Es sind Fragen, die sich mit den hier gegebenen Mitteln behandeln lassen und zu deren Lösung hier ein Anfang gemacht ist.

Literatur.

Melan, E.: Die Berechnung einer exzentrisch durch eine Einzellast belasteten Kreisplatte. Eisenbau 1926, S. 190 ff.

Föppl, A. und L.: Drang und Zwang. München und Berlin 1920.

Beyer, K.: Die Statik im Eisenbetonbau. Stuttgart 1927.

Nádai, A.: Die elastischen Platten. Berlin 1925.

Lamé: Leçons sur les coordonnées curvilignes et leurs diverses applications. Paris 1857.

Hayashi, K.: Fünfstellige Tafeln der Kreis- und Hyperbelfunktionen. Berlin 1921.

Durchlaufende Eisenbetonkonstruktionen in elastischer Verbindung mit den Zwischenstützen (Plattenbalkendecken und Pilzdecken). Einflußlinientafeln und Zahlentafeln für die maximalen Biegungsmomente und Auflagerdrücke infolge ständiger und veränderlicher Belastung unter Berücksichtigung der Stützeneinspannung (Winklersche Zahlen) nebst Anwendungsbeispielen von Baurat Dr.-Ing. F. Kann, Wismar. Mit 47 Textabbildungen. V, 72 Seiten. 1926. RM 7.20

Die Kraftfelder in festen elastischen Körpern und ihre praktischen Anwendungen. Von Privatdozent Dr.-Ing. Th. Wyss, Danzig. Mit 432 Abbildungen im Text und auf 35 Tafeln. IX, 368 Seiten. 1926. Gebunden RM 25.50

Sieben- und mehrstellige Tafeln der Kreis- und Hyperbelfunktionen und deren Produkte sowie der Gammafunktion nebst einem Anhang: Interpolations- und sonstige Formeln von Keiichi Hayashi, Professor an der Kaiserlichen Kyushu-Universität, Japan. Mit einer Abbildung im Text. VI, 283 Seiten. 1926. RM 45.—; gebunden RM 48.—

Die Statik des ebenen Tragwerkes. Von Prof. Martin Grüning, Hannover. Mit 434 Textabbildungen. VII, 706 Seiten. 1925. Gebunden RM 45.—

Die Deformationsmethode. Von Prof. Dr. techn. h. c. A. Ostenfeld, Kopenhagen. Mit 42 Abbildungen. VI, 118 Seiten. 1926. RM 10.—

Bemessungstafeln für Eisenbetonkonstruktionen. Tafeln zum Ablesen der Momente, der Bewehrungen für einfach und doppelt bewehrte Platten, Balken und Plattenbalken bei Verwendung von gewöhnlichem und hochwertigem Zement und Eisen bzw. Stahl, mit Berücksichtigung der Spannungen im Steg, und Tafeln für das sofortige Ablesen von Stützenquerschnitten und Bewehrungen auch bei Knickgefahr. Von Baurat Paul Göldel, beratender Ingenieur in Leipzig. IV, 231 Seiten. 1927. Gebunden RM 22.—

Die gewöhnlichen und partiellen Differenzengleichungen der Baustatik. Von Ing. Dr. Fr. Bleich, Wien, und Prof. Ing. Dr. E. Melan, Wien. Mit 74 Abbildungen im Text. VII, 350 Seiten. 1927. Gebunden RM 28.50